Remane · Emil Fischer

1 Emil Fischer (9. 10. 1852–15. 7. 1919)
Porträt von Emil Fischer nach einem Gemälde von Schulte im
Hofe [B 1]

Biographien
hervorragender Naturwissenschaftler,
Techniker und Mediziner

Band 74

Emil Fischer

Dr. sc. nat. Horst Remane, Leipzig

Mit 13 Abbildungen

Springer Fachmedien Wiesbaden GmbH 1984

Herausgegeben von
D. Goetz (Potsdam), I. Jahn (Berlin). E. Wächtler (Freiberg),
H. Wußing (Leipzig)
Verantwortlicher Herausgeber: D. Goetz

ISBN 978-3-322-00627-1   ISBN 978-3-322-86700-1 (eBook)
DOI 10.1007/978-3-322-86700-1

© Springer Fachmedien Wiesbaden 1984
Ursprünglich erschienen bei BSB B.G. Teubner Verlagsgesellschaft, Leipzig 1984

1. Auflage
VLN 294-375/63/84 · LSV 1208
Lektor: Hella Müller

Gesamtherstellung: Elbe-Druckerei Wittenberg IV-28-1-738
Bestell-Nr. 666 194 7

00480

Inhalt

Emil Fischer und seine Zeit

Emil Fischer begann seine wissenschaftliche Tätigkeit in den siebziger Jahren des 19. Jahrhunderts, als sich in Deutschland der Übergang vom Kapitalismus der freien Konkurrenz zum Monopolkapitalismus zu vollziehen begann. Er war bereits auf der Höhe seines Ruhmes, als um die Jahrhundertwende der deutsche Kapitalismus das Stadium des Imperialismus erreichte. Kurz vor seinem Lebensende fand im Jahre 1917 in Rußland die Große Sozialistische Oktoberrevolution statt, die die Epoche des Übergangs vom Kapitalismus zum Sozialismus einleitete. In der Zeit nach 1871 erlebte die deutsche Wirtschaft eine Phase der Hochkonjunktur, die sogenannten Gründerjahre. Der Wegfall der Ländergrenzen und der Zollschranken innerhalb Deutschlands nach der Reichsgründung belebten den Handel und die Produktion. Die von Frankreich erpreßten Kriegskontributionen in Höhe von fünf Milliarden Goldfrancs taten ein übriges. [1] Es kam zu einem starken Aufschwung im Maschinenbau und in der Elektroindustrie. Die chemische Industrie begann sich zu entfalten. Meist in Form von Aktiengesellschaften sind zahlreiche chemische Betriebe gegründet worden, in denen vor allem Farbstoffe. Arzneimittel und Sprengstoffe produziert wurden. „Gründerkrach" und „Gründerkrise" nach 1873 beschleunigten die Konzentration und die Zentralisation des Kapitals. Nach der Jahrhundertwende bildeten sich innerhalb der chemischen Industrie verschiedene „Interessengemeinschaften" heraus, so z. B. 1905 zwischen der Badischen Anilin- und Sodafabrik, den Farbenfabriken Bayer und der Aktiengesellschaft für Anilinfabrikation sowie 1907 zwischen den Farbwerken Höchst, Cassella in Frankfurt/Main und Kalle & Co. in Biebrich. Diese Interessengemeinschaften bildeten den Grundstock für den später gebildeten weltumspannenden und berüchtigten IG-Farbenkonzern. [2]
Die Naturwissenschaften hatten etwa um die Jahrhundertwende eine Stufe erreicht, von der aus eine unmittelbare Beeinflussung der Politik möglich wurde. Gleichzeitig hatten sich besonders die

chemischen Wissenschaften zu einem wichtigen Bestandteil des kapitalistischen Reproduktionsprozesses entwickelt. Die neue gesellschaftliche Stellung der Naturwissenschaften war eine wesentliche Voraussetzung für den enormen qualitativen und quantitativen Aufschwung, den sie in der Zeit zwischen 1870 und dem ersten Weltkrieg erfuhren. [3]

In der Physik revolutionierten neue Erkenntnisse, wie z. B. der Nachweis der elektromagnetischen Wellen (1886–1889, Heinrich Hertz), die Quantentheorie (1905, Max Planck), die spezielle und die allgemeine Relativitätstheorie (1905, 1915, Albert Einstein), die Bestimmung der Masse des Elektrons (1897, Joseph J. Thomson) und die Entdeckung der Radioaktivität (1896, Henri Bequerel), die bis dahin gültigen Denkprinzipien der klassischen Mechanik Isaac Newtons.

Neue Denkansätze bildeten sich auch in den biologischen Wissenschaften heraus. Sie wurden initiiert z. B. durch das Werk von Charles Darwin „Über die Entstehung der Arten" (1865), durch die Widerlegung der Theorie der Urzeugung (1860, Louis Pasteur) durch die Entdeckung des Tuberkelbazillus (1882, Robert Koch). In zunehmendem Maße setzten sich physikalische und chemische Methoden auch in der biologischen Forschung durch. Neue biologische Spezialdisziplinen begannen sich herauszubilden, wie z. B. Ontogenie, die Phylogenie, die Ökologie, die Zytologie, die Parasitologie, die Genetik und die Mikrobiologie.

In der Chemie bestimmte die organische Chemie das Feld, vgl. dazu Bild 2. Die Ausbildung der Chemiker war vor allem durch Justus von Liebig in Gießen und Friedrich Wöhler in Göttingen, aber auch durch Otto Linné Erdmann in Leipzig, durch Herrmann Kolbe in Marburg und Leipzig sowie durch August Wilhelm Hofmann in Berlin u. a. auf diese Teildisziplin der Chemie orientiert worden. Auch in der Forschung und im theoretischen Bereich trat eine Umorientierung ein. Es genügte nicht mehr, die verschiedenen Naturstoffe nur zu isolieren, zu reinigen und zu analysieren. Durch die grundlegenden Arbeiten von Joseph Louis Gay-Lussac, Auguste Laurent, Charles Gerhardt, Jean Baptiste Dumas, Justus von Liebig, Friedrich Wöhler u. a. waren Betrachtungen zur Struktur der organischen Verbindungen in den Mittelpunkt des Interesses gerückt worden. Mit der Aufstellung der Benzenformel durch Friedrich August Kekulé im Jahre 1865,

2 „Wirst leicht sehen, welches Fach seinen Mann am besten nährt..."
Nach einer zeitgenössischen Karrikatur von L. Vanino; links: die Anorga-
niker Piloty, K. A. Hofmann, L. Vanino; rechts: die Organiker Baeyer, W.
Koenigs und Joh. Thiele. (Mit freundlicher Genehmigung des Verlages
Chemie, Weinheim aus [30].)

nach der die sechs C-Atome des Benzens in Form eines Sechs-
eckes angeordnet sein sollten, wurde eine Wende im Strukturdenken eingeleitet [4]:

Von diesem Zeitpunkt an genügte es nicht mehr, die Anzahl der Atome im
Molekül einer Substanz anzugeben – wie es ein Buchhalter machen würde –,
sondern eine Art Plan – im Sinne eines Architekten –, durch eine Struktur-
formel anzudeuten, wie sie darin angeordnet sind.

1874 erkannten Jacobus Henricus van't Hoff und Joseph Achille
Le Bel, daß die vier Valenzen des Kohlenstoffes nicht innerhalb
einer Ebene angeordnet sind, sondern, daß sie nach den Ecken
eines gedachten Tetraeders zeigen, in dessen Mittelpunkt sich das
C-Atom befindet. Damit war eine wesentliche Voraussetzung für
die Entwicklung der Stereochemie organischer Verbindungen ge-
schaffen.
Ein Umschwung trat auch im Bereich der Synthese organischer
Verbindungen ein. Erst 1828 hatte Friedrich Wöhler durch seine
Harnstoff-Synthese die Möglichkeit der Darstellung organischer
Verbindungen im Labor aufgezeigt. Zahlreiche erfolgreiche Synthesen in den 40er, 50er und 60er Jahren des vorigen Jahrhunderts,
so z. B. die 1848 von Edward Frankland und Herrmann Kolbe
aufgefundene allgemeingültige Methode zur Herstellung von

Carbonsäuren durch Verseifung von Nitrilen, die Darstellung von Mauvein durch William H. Perkin 1856 sowie die synthetische Darstellung des Farbstoffes Alizarin 1868 durch Carl Graebe und Carl Liebermann hatten bewirkt, daß die Chemiker sich in zunehmendem Maße auf die Synthese organischer Verbindungen orientierten. Gefördert wurde diese Entwicklung durch das wachsende Interesse der organisch-chemischen Industrie, so z. B. der Farbstoff-, Sprengstoff- und Arzneimittelindustrie.

Ende der sechziger Jahre des 19. Jahrhunderts stellten Lothar Meyer und Dimitri Mendelejew unabhängig voneinander das Periodensystem der Elemente auf und lösten damit das Problem der Systematisierung der chemischen Elemente. Zugleich wurden damit auch die Forschungsaktivitäten zum Atombau angeregt. Durch seine Voraussagen über die Existenz von bisher nicht bekannten Elementen aktivierte Mendelejew die Bemühungen zum Auffinden dieser Elemente.

In den achtziger Jahren entwickelte sich die physikalische Chemie zu einer eigenständigen Disziplin. Großen Anteil an diesem Prozeß hatten außer Wilhelm Ostwald Jacobus Henricus van't Hoff und Svante Arrhenius. Die Erkenntnisse der physikalischen Chemie ermöglichten auf der Basis von gemessenen Reaktionsparametern sowohl eine verbesserte theoretische Fundierung als auch die Optimierung chemisch-technologischer Prozesse.

Gegen Ende des vorigen Jahrhunderts begann auch die Herausbildung einer weiteren eigenständigen chemischen Disziplin, der Biochemie. Die Bemühungen um die Strukturaufklärung (durch Analyse) und den Strukturbeweis (durch Laborsynthese) von Naturstoffen führten zu einem vertieften Verständnis der Chemie dieser Verbindungen.

Wesentliche Beiträge zur Kenntnis der Synthese, der Struktur und der Eigenschaften ganzer Gruppen von Naturstoffen, so z. B. der Zucker, der Proteine, der Purinkörper, der Gerbstoffe, verdanken wir Emil Fischer, der mit diesen Arbeiten zu einem der bedeutendsten und erfolgreichsten Chemiker seiner Zeit wurde.

Kindheit und Jugend

In der Flußebene des Erft, eines Nebenflusses des Rheines, 30 km westlich von Bonn, liegt die Stadt Euskirchen. Um die Mitte des vorigen Jahrhunderts hatte sie etwa 3 500 Einwohner, von denen die Hälfte von der Landwirtschaft lebte. Außerdem waren hier eine traditionsreiche Tuchindustrie und mehrere Gerbereien angesiedelt. Als Kreisstadt war Euskirchen zugleich das ökonomische Zentrum für die umliegenden Dörfer und Ortschaften.
Am 9. Oktober 1852 wurde in Euskirchen Emil Fischer geboren. Sein Vater, Laurenz Fischer, war ein für seine Zeit erfolgreicher Unternehmer. Gemeinsam mit seinem Bruder August Fischer betrieb er eine Großhandelsfiliale für „Kolonialwaren", Wein und Spirituosen. Außerdem besaßen sie eine kleine Wollspinnerei in dem etwa 4 km von Euskirchen entfernten Wisskirchen. Laurenz Fischer liebte die Geselligkeit. Er besaß einen etwa 750 Hektar großen Wald, in den er häufig zu Jagden einlud, die er meist mit einem lustigen Mahl abschließen ließ. Der Hausstand der Familie Fischer galt als behaglich und einfach. [B1, S. 25]
Der Sohn Emil erblickte als achtes und letztes Kind der Familie Fischer das Licht der Welt. Zwei seiner Geschwister, ein Junge und ein Mädchen, waren im Kindesalter verstorben. Die übrigen fünf Geschwister waren Mädchen, von denen die ältere Schwester, Laura, 14 Jahre älter war. Das Zusammenleben des kleinen Emil mit seinen Schwestern war nicht immer komplikationslos und hinterließ nachhaltige Spuren [A 12, S. 4]:

Die Schwestern haben ihr Interesse an dem einzigen Bruder, den sie nur den „Jungen" nannten, in der mannigfaltigsten Weise bekundet, und ich habe mich ihrer Erziehungskünste des öfteren erwehren müssen, so daß eine gewisse Abneigung gegen junge Damen bei mir über die Knabenjahre hinaus hängen blieb.

Im Alter von fünf Jahren wurde Emil eingeschult. Er kam in die protestantische Privatschule von Euskirchen, an deren Gründung Laurenz Fischer maßgeblich beteiligt gewesen war. Die Schule hatte gegenüber der katholischen Volksschule ein wesentlich höheres Niveau. Der Unterricht wurde vom Lehrer Vierkoetter bestritten. Er unterrichtete die Kinder im Alter zwischen 5 und 14 Jahren und vermittelte ihnen vor allem in den Elementarfächern solide Kenntnisse und verstand es, begabte Kinder zu fördern. [A12, S. 6]

Der Lehrer ging sogar so weit, die begabteren in euklidischer Mathematik zu unterrichten, und es erregte in späteren Jahren große Heiterkeit, als meine Schwester Fanny ihrem Gatten, einem Holzhändler, in dessen Geschäft die Ausziehung einer Kubikwurzel unerwarteterweise nötig wurde, aus der Verlegenheit half, indem sie diese Aufgabe nach den bei Herrn Vierkötter erworbenen Kenntissen löste.

Als Vierkoetter seine Tätigkeit in Euskirchen aufgab, kam Emil, im Alter von 9 Jahren, in die höhere Bürgerschule seiner Heimatstadt. Hier wurden die Schüler auf den Besuch des Gymnasiums vorbereitet. Dementsprechend dominierte der Sprachunterricht in Latein, Griechisch und Französisch. Emil besuchte diese Schule insgesamt vier Jahre. Er galt als außergewöhnlich begabter Schüler. Sein besonderes Interesse widmete er der Mathematik. Im Herbst 1865 kam Emil Fischer ins Gymnasium, zunächst für zwei Jahre in Wetzlar, danach in Bonn. Dort legte er auch im Sommer 1869 mit großem Erfolg das Abitur ab. Er wurde „Primus omnium", Jahrgangsbester.

Nicht ohne Probleme dagegen verlief seine Berufswahl. Emil wollte unbedingt studieren. Ihn interessierten besonders Physik und Mathematik. Vater Laurenz Fischer dagegen hegte den verständlichen Wunsch, Emil zum Kaufmann ausbilden zu lassen. Wer sollte sonst der Nachfolger in seinem Geschäft werden, wenn nicht der einzige Sohn? So stand Wunsch gegen Wunsch. Schließlich einigte man sich auf ein Studium der Chemie. Chemische Kenntnisse schienen dem Vater besser mit dessen geschäftlichen Vorstellungen vereinbar als Physik oder Mathematik. Vor dem Studium sollte Emil jedoch zunächst für ein oder zwei Semester eine kaufmännische Lehre absolvieren. Als Lehrmeister wurde der Holzhändler Max Friedrichs, Ehemann von Emils Schwester Fanny, in Rheydt ausgewählt. Lehrbeginn war der Oktober 1869. Emil mußte ganz in der damals üblichen Art seine Lehre mit der Ausübung der primitivsten Büroarbeiten beginnen. [A 12, S. 45]

Zu meinen Funktionen gehörte das Abholen der Post, das Zukleben der Briefe und dergl., und zur Übung mußte ich ein kleines Geschäftsjournal, aber nur zu meiner Belehrung ohne Gültigkeit für das Ganze führen.

Emil war durch solche Tätigkeiten wenig ausgefüllt. Er begann, sich in seiner Freizeit mit Chemie zu beschäftigen. Er schaffte sich „Stöckhardt's Schule der Chemie" an, ein damals gern und häufig benutztes Chemielehrbuch, kaufte sich Geräte und Chemikalien und richtete sich in einem leerstehenden Zimmer im Geschäftsgebäude seines Onkels ein eigenes kleines Labor ein. Schließlich nahm er bei einem Lehrer Privatstunden in Chemie.
Der Lehrmeister Friedrichs beobachtete das Treiben seines Schwagers Emil mit Unbehagen. Er war mit dessen Arbeitsleistungen sehr unzufrieden und erklärte, daß er noch niemals einen so schlechten Lehrling gehabt hätte wie Emil. Als Vater Laurenz von dieser Entwicklung seines Sohnes erfuhr, wuchs auch in ihm die Überzeugung, daß Emil zum Kaufmann wenig geeignet sei. Er entschied [A 12, S. 45]: „Der Junge ist zum Kaufmann zu dumm, er soll studieren."
Als sich Emil im Frühjahr 1870 eine Magenerkrankung zugezogen hatte, die infolge unzureichender Behandlung in einen chronischen Zustand übergegangen war, beendete er seine Lehre in Rheydt. Zunächst ging er zu seinen Eltern nach Euskirchen zurück, um sich zu kurieren. Im Sommer 1870 unterzog er sich einer achtwöchigen Kur in Bad Ems. Jedoch konnte keine Ausheilung erreicht werden. Schließlich nahm sich der in Köln als Arzt tätige Onkel Otto Fischer seiner an. Hier blieb er den ganzen Winter 1870/71. Im Ergebnis der Verordnungen seines Onkels und der besorgten Pflege durch seine Tante wurde der Zustand gebessert.
Im Frühjahr 1871 war er schließlich so weit geheilt, daß er mit dem Studium beginnen konnte.

Wissenschaftlicher Werdegang

Studium und Promotion

1871 ließ sich Emil Fischer als Chemiestudent an der Universität
Bonn immatrikulieren. Hier wirkte seit 1865 der berühmte August
Kekulé (von Stradonitz) als Ordinarius für Chemie. Kekulé
hatte das Strukturdenken in der organischen Chemie entscheidend
beeinflußt. Sein Verdienst war es, die Typentheorie des Franzo-
sen Charles Gerhardt durch die Einführung sogenannter ge-
mischter Typen weiterentwickelt zu haben. Nach der Typentheorie sollten sich alle organischen Verbindungen von den vier Grund-
verbindungen (Typen) Wasser, Ammoniak, Wasserstoff und
Chlorwasserstoff durch Substitution eines oder mehrerer H-Atome
ableiten lassen. Kekulé hatte diese Theorie durch die Annahme
von gemischten Typen, der gleichzeitigen Zuordnung von Verbindungen zu zwei oder mehreren Typen, erweitert und Methan als
neuen Typ eingeführt. Er war es auch, der als erster die Vierbin-
digkeit des Kohlenstoffs erkannt und schließlich 1865 die Benzen-
hypothese begründet hatte. [5;6] Die Ansichten von Kekulé fanden durch sein ab 1859 herausgebrachtes „Lehrbuch der organischen Chemie" weite Verbreitung. Eine nachhaltige Wirkung auf
die Zuhörer übte auch die von ihm gehaltene Vorlesung aus. Er
war ein guter Redner und verstand es, seine Ausführungen durch
Experimente zu untermauern, die er mit großem Geschick aus-
führte. Doch die Persönlichkeit von Kekulé allein genügte nicht,
dem Studium der Chemie in Bonn ein gutes Ansehen zu geben.
Im Vergleich zu den an anderen Universitäten der damaligen
Zeit vorhandenen Bedingungen für das Laborpraktikum waren
die Voraussetzungen in Bonn nicht besonders gut. Das chemische
Laboratorium hatte zwar eine sehr schöne und ansprechende Fas-
sade, doch ließ die Einrichtung in vielem zu wünschen übrig.
Schlechte Beleuchtung und Belüftung, ungenaue Waagen, fehlende
Wasserstrahlpumpen sind einige Beispiele dafür.
Innerhalb der organischen Abteilung wurden die praktischen Ar-
beiten von Kekulé selbst geleitet. Die analytische Ausbildung,
auch heute noch ein wesentliches Fundament der Chemikeraus-

bildung, lag in den Händen von Theophil Engelbach. Auch hier
gab es erhebliche Mängel. [A 12, S. 51]

Ohne irgendwelche Vorbereitung in der Anstellung von Experimenten wurde
man sofort vor die Aufgabe gestellt, nach den Tafeln von Will eine quali-
tative Analyse auszuführen.

Die Ergebnisse waren dann auch entsprechend fehlerhaft. Wieder-
holungsanalysen mußten durchgeführt werden. Auf den jungen
Studenten Emil Fischer wie auch auf andere Studenten wirkte
sich dies nicht gerade anspornend aus. Die Situation spitzte sich
noch zu im Praktikum zur quantitativen Analyse. Die ungeeich-
ten Waagen bewirkten, daß genaue Analysenergebnisse „Zufalls-
treffer" wurden. Die nicht vorhandenen Wasserstrahlpumpen
konnten eine einfache Filtration zur Geduldsprobe werden lassen
[A 12, S. 51]

Als ich ... einen Niederschlag von Aluminium- und Eisenhydroxyd, der
wohl nicht unter den richtigen Vorsichtsmaßregeln gefällt war, 8 Tage lang
gewaschen hatte, ohne die Mutterlauge ganz verdrängen zu können, war
ich so verzweifelt, daß ich die Chemie aufgeben und mich wieder der Physik zuwenden wollte.

schrieb Emil Fischer in seiner Autobiographie. Aber es kam anders. Auf Anraten seines Vetters Ernst Fischer wechselte Emil
nicht die Fachrichtung, sondern die Universität.
Ab Herbstsemester 1872 setzte er sein Chemiestudium in Straßburg fort. Hier lehrte der damals 37jährige Adolf von Baeyer.
Dieser hatte zuvor 12 Jahre lang am Gewerbeinstitut in Berlin,
der späteren Technischen Hochschule (Berlin-Charlottenburg), ein
Lehramt für organische Chemie innegehabt. Als 1872 in Straßburg, das von Deutschland im deutsch-französischen Krieg (1870/
71) annektiert worden war, eine neue Universität begründet wurde, bekam Adolf von Baeyer hier eine selbständige Professur und
wurde Direktor des neu einzurichtenden chemischen Laboratoriums. Er führte einen vorbildlichen Unterrichtsbetrieb durch. Dabei widmete er seine besondere Aufmerksamkeit den Studenten
der niederen Semester. Die Ausbildung in der quantitativen Analyse wurde vom Bunsenschüler Friedrich Rose wahrgenommen,
der es hervorragend verstand, die Studenten für die Arbeitsme-
thoden der quantitativen Analyse zu begeistern. Auch Emil Fischer wurde unter Roses Anleitung ein perfekter Analytiker, der
Gefallen am analytischen Arbeiten fand. Aufgrund der hohen

Verläßlichkeit seiner Analysenresultate wurde er bereits im Frühjahr 1873 mit der Analyse des Wassers einer bekannten Mineralquelle im Oberelsaß beauftragt. Er löste diese Aufgabe erfolgreich.

So entwickelte sich Emil Fischer, der in Bonn der Chemie noch ade sagen wollte, im Verlaufe eines knappen Jahres zu einem begeisterten Chemiestudenten.

Im Sommer 1873 begann er, in der Abteilung für organische Chemie zu arbeiten. Adolf von Baeyer hatte ihm für die Doktorarbeit die Aufgabe gestellt, die Reduktion von Mellitsäure (Benzenhexacarbonsäure) zu untersuchen. Diese Säure war 1792 erstmals aus ihrem Aluminiumsalz, das in dem Mineral Mellit (Honigstein) vorkommt, isoliert worden.

Als Abschlußtermin für die Dissertation war das Frühjahr 1874 vorgesehen. Aber es sollte anders kommen. Nach zweimonatiger Arbeit passierte folgendes [B 1, S. 50]:

Er [Emil Fischer] wandelte ... mit einer großen Stöpselflasche, die das Reaktionsprodukt [der Reduktion von Mellitsäure] und etwa 25 kg Quecksilber barg, ... durch den Übungssaal, als eine Planke des morschen Fußbodens unter dem Gewicht des also beladenen „dicken Fischer" ächzend wich. ... Emil stürzte und verstreute ... seinen kostbaren Schatz in die Fugen und Ritzen des zerklüfteten Holzbelages.

Adolf von Baeyer änderte daraufhin das Thema. Emil erhielt die Aufgabe, die Konstitution der gerade entdeckten Farbstoffe Fluorescein und Phthalein-Orcin zu untersuchen. Als Hauptergebnis kann er für beide Farbstoffe eine recht genaue Formel angeben, in der lediglich die Stellung einiger Substituenten nicht ganz eindeutig war.

Das war für die damalige Zeit ein sehr gutes Ergebnis.

Nach dem erfolgreichen Abschluß der Promotion im Jahre 1874 wurde Emil Fischer wissenschaftlicher Assistent bei Adolf von Baeyer. Zu seinen Aufgaben gehörte es, das Anfängerpraktikum in der organischen Chemie zu betreuen. Für dieses Praktikum gab es keine festen Vorgaben und auch noch keine Praktikumsbücher, wie wir sie heute kennen. Es war damals durchaus normal, daß die Studenten auch bis dahin noch nicht experimentell bearbeitete Aufgaben zu lösen hatten. Aus der Betreuertätigkeit im Praktikum sollte die erste herausragende wissenschaftliche Leistung von Emil Fischer hervorgehen.

Die Entdeckung des Phenylhydrazins

Im organisch-chemischen Praktikum sollte ein Student Benzidin durch Kochen mit Salpetersäure in Diphenol umwandeln. Dabei erhielt er wiederholt ein sehr unreines Produkt. Schließlich präparierte Emil Fischer als „Saalassistent" das vermeintliche Diphenol selbst, erhielt aber auch kein reines Produkt. Er veränderte daraufhin die Reaktionsbedingungen und setzte zur Unterdrückung der oxydierenden Wirkung der Salpetersäure dem Reaktionsgemisch Natriumsulfit zu. Das Ergebnis war, daß ein Niederschlag ausfiel. Bei der Wiederholung des Versuches mit der einfacheren Verbindung „Diazobenzol" [B 1, S. 206] „. . . erhielt er ein schönes gelbes Salz, dessen weitere Verarbeitung dann im Frühjahr 1875 zur Auffindung des Phenylhydrazins führte". Fischer schlug für den hypothetischen Grundkörper dieser Verbindung (H_2N-NH_2) den heute noch gebrauchten Namen Hydrazin vor und begann, die Konstitution der Hydrazine aufzuklären. Durch Umsetzung von Phenylhydrazin mit Carbonsäurederivaten wie Säurechloriden, Säureanhydriden und Estern konnte er die ersten Phenylhydrazide darstellen:

Phenylhydrazin   Acyl–phenylhydrazid

$X = Cl, OOCR, OR$

Umsetzungen von Phenylhydrazin mit Ketonen und Aldehyden führten zu den Phenylhydrazonen:

Phenylhydrazin   Phenylhydrazon

$R' = Alkyl, H$

Das Phenylhydrazin erwies sich als eine sehr reaktive Verbindung, mittels der eine Vielzahl neuer Verbindungen zugänglich wurde. Als Beispiele sollen außer den bereits genannten Phenylhydraziden und Phenylhydrazonen die dann später entdeckten Indazole

und die von seinem Mitarbeiter Ludwig Knorr aufgefundenen
Pyrazole besonders hervorgehoben werden.

Indazol   Pyrazol

Dieses durch einen Zufall entdeckte Phenylhydrazin hat Emil
Fischer auf seinem langen und erfolgreichen Weg durch die chemische Wissenschaft begleitet. [B 1, S. 206]

Denn Fischer begnügte sich nicht damit, diesen ersten Findling um seiner
selbst willen zu studieren, sondern drückte ihn mehr und mehr zum Werk-
zeug und Gerät herab, das ihm neue Gebiete voll höchster wissenschaftlicher und angewandter Bedeutung erschließen sollte.

Aber zugleich hatte er mit seinem „Schlüssel zum Erfolg" auch
ein Mittel in die Hand bekommen, das, wie wir noch sehen werden, ihn selbst zerstören sollte.

Baeyer-Schüler in München (1875–1882)

1875 erhielt Adolf von Baeyer eine Berufung an die Universität
München. Er wurde der Nachfolger im Ordinariat des Wegbe-
reiters der organischen Chemie, Justus von Liebig. Als Baeyer
nach München kam, gab es dort kein Unterrichtslaboratorium. Er
richtete sich daher zunächst Liebigs ehemaliges Wohnhaus und das
zum Hörsaal gehörige Laboratorium zu diesem Zwecke ein. Zugleich wurde mit der Projektierung und dem Neubau eines chemischen Laboratoriums begonnen. Ab Herbstsemester 1877 konnte
dann ein Teil dieses Labors bezogen werden. Im Herbst 1878 war
es vollständig fertiggestellt. Das neue chemische Labor hatte Arbeitsplätze für 150 bis 200 Praktikanten. Es war räumlich entsprechend der zwei Abteilungen, der anorganischen und der organischen, gegliedert. Anlage und Größe der Arbeitssäle waren
so konzipiert, daß ein enger Kontakt zwischen den Praktikanten
zwanglos möglich war.
Zusammen mit Adolf von Baeyer ging auch Emil Fischer im Oktober 1875 nach München. Zunächst arbeitete er wiederum als Assi-

3 Emil Fischer um
1880 [A 12]

stent in der organischen Abteilung. Hier setzte er seine Arbeiten
über die Hydrazinverbindungen fort.
Im Jahre 1878 konnte er dann in Liebigs Annalen der Chemie eine
erste Zusammenfassung seiner umfangreichen Ergebnisse, insbesondere auch zur Konstitution des Phenylhydrazins vorlegen. [7]
Gemeinsam mit seinem Vetter Otto Fischer hatte er im Frühjahr
1876 mit Untersuchungen zur Struktur der basischen Farbstoffe
der Rosanilinklasse begonnen. Auch hierzu wurde 1878 eine ab-
schließende Arbeit in Liebigs Annalen der Chemie publiziert. [8]
Sie gaben darin einen historischen Überblick über die Erfor-
schung dieser Farbstoffklasse. Zugleich konnten sie ihre eigenen
Ergebnisse zur Konstitutionsaufklärung dieser Verbindungen of-
fenlegen. Mit dem Nachweis, daß diese Farbstoffe sich vom Triphenylmethan ableiten, haben sie einen sehr wertvollen Beitrag
zur Aufklärung der Konstitution dieser Verbindungen geleistet.
Zugleich hatten sie aber auch den Widerspruch August Wilhelm
von Hofmanns, der anders lautende Auffassungen vertrat, auf
sich gezogen.

Am 19. 3. 1878 habilitierte sich Emil Fischer, womit er das Recht erwarb, eine eigene Vorlesung halten zu dürfen. Vorher mußte er noch eine Prüfung ablegen. Diese sogenannte Nostrifikation war an der Universität München notwendig, um den an einer auswärtigen Universität (im Falle Emil Fischers in Straßburg) erworbenen Doktortitel anzuerkennen. Im Habilitationsvortrag hatte er 45 Minuten über „Die heutigen Aufgaben der Chemie" zu sprechen. Den Vortrag und die nachfolgende Diskussion der von ihm aufgestellten Thesen konnte er mit Bravour absolvieren.

Ein Jahr später, als durch die Berufung von Jacob Volhard nach Erlangen eine Stelle frei wurde, folgte ihm Emil Fischer im Amt. Ab 4. März 1879 wurde er etatmäßiger außerordentlicher Professor und damit Vorstand der anorganischen Abteilung. Bereits im Wintersemester 1876/77 hatte er sich auf diese Tätigkeit vorbereitet. Er war nochmals nach Straßburg zu Rose gegangen, um seine Kenntnisse in der analytischen Chemie weiter zu vervollkommnen. Die neue Aufgabe zwang Fischer zu einer tiefgreifenden Veränderung seines Arbeitsstils. Ihm oblagen die Leitung der

4 Adolf von Baeyer im Alter von 70 Jahren [31]

analytischen Abteilung, in der ca. 150 Praktikanten, vor allem Chemiker, Mediziner und Pharmazeuten, tätig waren, die Anleitung der Saalassistenten und die Organisation seiner eigenen Forschungsarbeit. Letztere mußte nun zunehmend von seinen Assistenten und sonstigen Mitarbeitern getragen werden. Er stellte sich schnell auf die neuen Verhältnisse ein. Aber bereits nach zwei Jahren sollte es wieder eine Veränderung geben.

Ordinarius in Erlangen und Würzburg

Erlangen (1882–1885)

1882 wurde in Erlangen der Lehrstuhl für Chemie frei, da Jacob Volhard nach Halle berufen wurde. Nachfolger von Volhard in Erlangen wurde zum 1. April Emil Fischer. Seine Hydrazin- und Rosanilin-Arbeiten hatten ihn weithin bekannt werden lassen.

Das Chemische Institut an der Universität Erlangen war nicht sehr groß, bot aber dem gerade erst 30jährigen Ordinarius Emil Fischer genügend Raum zur Entfaltung, obwohl ihm die große Experimentalvorlesung anfangs Mühe bereitete, [A 12, S. 92] ..., denn die zahlreichen Versuche, die dabei unentbehrlich sind, erfordern sehr genaue Vorübung, sowohl für den Professor wie für den Assistenten.

Zur Überwindung dieser Situation wurde ein besonderes Journal angelegt, in das alle Vorlesungsversuche mit allen Details ihrer Durchführung gewissenhaft eingetragen worden sind. Da ihm überwiegend junge, noch wenig geübte Assistenten zur Verfügung standen, mußte er auch im Praktikum vieles selbst anleiten. Schließlich hatte er die Prüfungen abzunehmen und die Anforderungen der Fakultät zu erledigen. Dabei wollte er auch in seinen eigenen Forschungen vorankommen. Als besonders hilfreiche Mitarbeiter bei der Bewältigung dieser vielen Aufgaben erwiesen sich Ludwig Knorr und Hermann Reisenegger. Beide waren bereits in München von ihm ausgebildet worden und sind ihm dann nach Erlangen gefolgt. Dort wurden sie promoviert.

Im Bestreben, sich selbst und seinen Assistenten das Praktikum in der organischen Chemie zu erleichtern, hatte Emil Fischer 1884 eine Zusammenstellung von Vorschriften zur Darstellung organischer Präparate erarbeitet, aus der seine 1887 herausgegebene „Anleitung zur Darstellung organischer Präparate" hervorging. Diese zählt zu den ersten Praktikumsbüchern der organischen Chemie und wurde nach Fischers Tode durch Burckhardt Helferich von der 10. Auflage an weitergeführt.

Die Zahl der Studenten am Erlanger Institut war anfangs gering [A 12, S. 92], „... da Volhard, dem man allzu große Strenge in den Examinas nachsagte, nicht anziehend gewirkt hatte".

Unter dem Ordinariat von Emil Fischer ändert sich die Situation sehr schnell. Die organische Abteilung war bereits nach zwei Semestern überfüllt. Groß war auch der Zulauf an Studenten fortgeschrittener Semester und an jungen Wissenschaftlern, die sich durch die Arbeit bei ihm weiterbilden wollten. Zu letzteren gehörten Julius Tafel, von 1904 ab Ordinarius in Würzburg sowie Oscar Hinsberg und Karl Ludwig Paal.

Mit vielen Mitarbeitern pflegte er auch außerhalb des Institutes persönlichen Umgang. Freundschaftliche Kontakte unterhielt er ebenfalls zu den Vertretern „benachbarter" naturwissenschaftlicher Disziplinen, so zu Albert Hilger, der seit 1872 die Professur für Pharmazie und angewandte Chemie in Erlangen innehatte. In der Forschung konnte Emil Fischer aufgrund der größeren Anzahl von Mitarbeitern sein Arbeitsgebiet erweitern. So wurden z. B. Untersuchungen zur Struktur von Xanthin, Theobromin und Coffein begonnen. In diesen Arbeiten hatte sich Fischer erstmals mit physiologisch interessanten Verbindungen beschäftigt. Verbindungen dieser Art sollten ihn später in Würzburg und Berlin ganz in ihren Bann ziehen. Fortschritte konnte er auch auf dem Gebiet der Phenylhydrazine erreichen. Einmal ist Phenylhydrazin als Reagenz auf Carbonyl-Gruppen erkannt worden, zum anderen konnte die später nach Fischer benannte Indolsynthese aufgefunden werden. Das bei der Umsetzung von Methylphenylhydrazin mit Brenztraubensäure entstandene Phenylhydrazon veränderte sich beim Erwärmen mit Salzsäure. Es entstand eine um 1 Molekül Ammoniak ärmere Verbindung. Durch längeres Erhitzen über den Schmelzpunkt wurde CO_2 abgespaltet. Als Reaktionsprodukt verblieb eine schwach basische Verbindung mit der Zusammensetzung C_9H_9N, die als Indol identifiziert worden ist:

22

Die Indolsynthese war damals nicht ohne weiteres zu begreifen.
Wie war es möglich, daß aus einer geschlossenen Kette heraus,
einfach Stickstoff (in Form von Ammoniak) austreten kann? Auch
Fischer konnte den Mechanismus des Ablaufes dieser Reaktion
noch nicht verstehen. Erst in den sechziger Jahren dieses Jahrhunderts ist durch Isotopenmarkierung mit ^{15}N nachgewiesen worden,
daß das Ammoniak aus dem ß-ständigen Hydrazinstickstoff
stammt. [9] Um so höher zu bewerten ist, daß Fischer trotzdem
das Reaktionsprodukt exakt zugeordnet hat.
In die Erlanger Zeit fallen auch die ersten Untersuchungen an
Kohlenhydraten. Doch diesem Arbeitssgebiet wird ein separater
Abschnitt gewidmet sein.
Trotz der großartigen wissenschaftlichen Erfolge verlief sein Leben nicht komplikationslos. Als Folge der andauernden Arbeit
mit Phosphorchloriden in Labors mit schlechter Be- und Entlüf-
tung hatte sich Emil Fischer einen chronischen Bronchialkatarrh
zugezogen. Eine plötzlich aufgetretene Darmerkrankung machte
eine Operation notwendig. Als eine Kur, der er sich während der
Herbstferien 1884 in verschiedenen Orten der schweizerischen bzw.
der italienischen Alpen unterzog, nicht anschlug, suchte er um
einen längeren Urlaub beim zuständigen bayrischen Ministerium
nach. Der Urlaub wurde bewilligt. Die „Urlaubsvertretung" übernahm für zwei Semester der Vetter Otto Fischer. Emil Fischers
Gesundheitszustand war vollständig wieder hergestellt, als ihn
1885 der Ruf nach Würzburg erreichte.

Würzburg (1885–1892)

Das Freiwerden des Ordinariates für Chemie an der Leipziger
Universität durch den Tod von Hermann Kolbe hatte auch für
Emil Fischer Konsequenzen. Nachfolger für Kolbe wurde Johannes Wislicenus aus Würzburg. Auf den freigewordenen Würzburger Lehrstuhl wurde Emil Fischer berufen. Hier hat er insgesamt
sieben Jahre gewirkt.
Das chemische Institut der Universität Würzburg war sehr ver-
altet, der dringend notwendige Institutsneubau wurde Emil Fischer zwar in Aussicht gestellt, konnte aber erst unter dessen
Amtsnachfolger verwirklicht werden. Als Sofortmaßnahme suchte

Fischer die Luftverhältnisse in den Labors durch den Einbau von
Abzügen zu verbessern.

In der Forschung setzte Emil Fischer zunächst seine Arbeiten über
die Purine fort. Bereits 1881 hatte er mit der Untersuchung von
Coffein, dem anregenden Inhaltsstoff des Kaffees, begonnen. Coffein war 1820 von Friedlieb Ferdinand Runge aus Kaffeebohnen
isoliert worden. Schließlich bezog er auch andere bereits bekannte
Purine wie Xanthin, Theobromin und Guanin in seine Untersuchungen ein. Das Xanthin findet sich im Blut, im Harn und in
der Leber und war 1817 von Alexandre Marcet beschrieben worden. Theobromin ist zu ca. 1,8 % in den Kakaobohnen enthalten.
Seine Entdeckung geht zurück auf den russischen Chemiker
Alexander Woskressensky im Jahre 1842. Guanin, das sich vor
allem in den Exkrementen von Säugetieren und Vögeln (Guano)
befindet, ist 1844 erstmals beschrieben worden.

Emil Fischer beschäftigte sich mit der Strukturaufklärung dieser
Verbindungen. 1897, bereits in seiner Berliner Zeit, konnte er
zeigen, daß die Stammverbindung dieser Naturstoffe das Purin
ist.

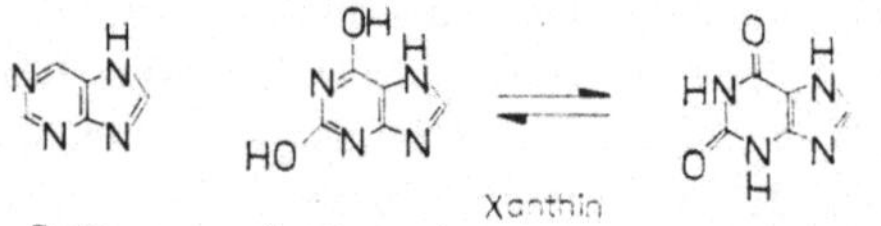

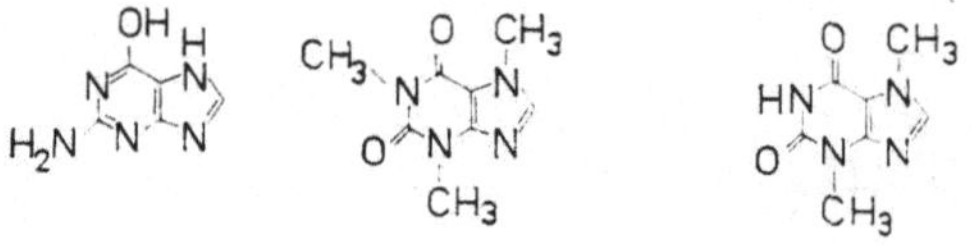

Sein Verdienst ist, die Struktur zahlreicher Vertreter der Verbindungsklasse der Purine aufgeklärt und zugleich auch deren Nomenklatur systematisiert zu haben.

Zusammen mit seinem langjährigen Privatassistenten Lorenz Ach
gelang ihm 1895 die Synthese des Purinabkömmlings Harnsäure
(Fischer-Ach-Synthese).

Bereits Adolf von Baeyer hatte diese Synthese bis zur Stufe der
Pseudoharnsäure vorbereitet. Fischer und Ach konnten dann durch

24

Erhitzen dieser Verbindung mit konzentrierter Salzsäure den Ringschluß der Pseudoharnsäure zur Harnsäure vollziehen:

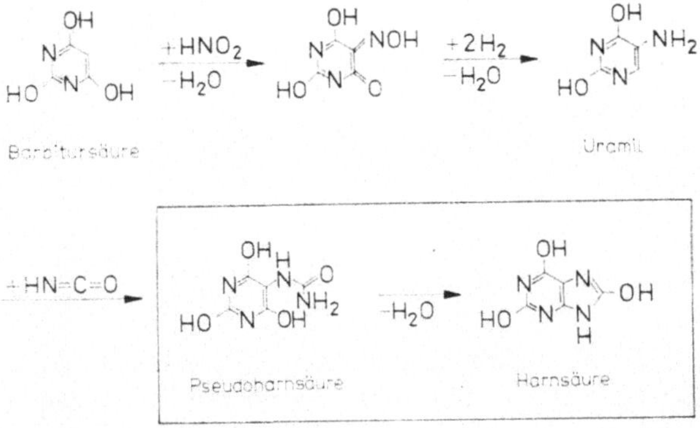

In Würzburg entstanden auch wesentliche Teile der Arbeiten zur Chemie der Kohlenhydrate.

Arbeiten zur Chemie der Kohlenhydrate

Bereits im Frühjahr 1884 hatte Emil Fischer mit seinen Untersuchungen zur Chemie der Kohlenhydrate begonnen. Er blieb diesem Gebiet bis zu seinem Lebensende, also insgesamt 35 Jahre lang, verbunden. Allerdings widmete er sich der „Zuckerchemie" mit wechselnder Intensität. Zu Beginn seiner Arbeiten war die Chemie der Kohlenhydrate kaum entwickelt. Man kannte die einfachen Zucker Glucose, Fructose, Galactose und Sorbose sowie die „zusammengesetzten" Zucker Raffinose, Trehalose sowie Saccharose, Maltose und Lactose. Saccharose ließ sich durch Hydrolyse in Fructose und Glucose aufspalten und Lactose in Galactose und Fructose.
1811 war es dem Petersburger Apotheker Gottlieb Sigismund Kirchhoff gelungen, Stärke durch Kochen mit Schwefelsäure zu Glucose abzubauen. Durch die grundlegenden Arbeiten von Hermann Fehling und Bernhard Tollens waren auch die reduzierenden Eigenschaften einiger der bekannten Zucker gegenüber Fehlingscher Lösung (alkalische Lösung von Kupfer(II)-Ionen, die durch Kaliumnatriumtartratkomplex in Lösung gehalten werden).

und gegenüber Tollens Reagens (ammoniakalische Silberionen-Lösung) bekannt.

1871 hatte Rudolf Fittig festgestellt, daß Saccharose aus zwei C_6-Ketten aufgebaut ist, die OH-Gruppen tragen. Er gab in der damaligen Art, Formeln zu schreiben, folgende Zusammensetzung für diese Verbindung an:

$$C_6H_7 \left\{ \begin{array}{l} O \\ (OH)_4 \end{array} \right.$$

$$C_6H_7 \left\{ \begin{array}{l} O \\ (OH)_4 \\ O \end{array} \right.$$

Man wußte, daß sich einfache Zucker wie Glucose und Fructose mittels Natriumamalgam zu den sechswertigen Alkoholen Sorbit bzw. Mannit reduzieren lassen. Bekannt waren auch Oxydationsprodukte einiger einfacher Zucker. So hatte man bei der Oxydation von Galactose und Glucose mittels Chlor- oder Bromwasser die entsprechenden Hexonsäuren erhalten, während sich Fructose nicht oxidieren ließ. Und weiter war bekannt, daß bei der Einwirkung des stärkeren Oxydationsmittels Salpetersäure die beiden erstgenannten Zucker zu Tetrahydroxyadipinsäure oxydiert werden. Fructose wird unter den gleichen Reaktionsbedingungen oxydativ gespalten.

Dieses und verschiedene andere Resultate führten zu dem Schluß, daß das Galactose- und das Glucosemolekül eine Aldehydgruppe enthalten, das Fructosemolekül dagegen eine Ketogruppe. Auch die anderen Zucker erwiesen sich als Verbindungen mit einer Keto- oder einer Aldehydgruppe. Und genau für solche Verbindungen hatte Emil Fischer sein bewährtes Reagens, das Phenylhydrazin. Bei der Umsetzung der bekannten Zucker erhielt Fischer die entsprechenden Phenylhydrazone.

Erwärmte er jedoch das Reaktionsgemisch, dann entstanden wasserlösliche Produkte, die als gelbe Nadeln auskristallisierten. Die Elementaranalyse ergab, daß das Produkt nicht wie für ein Phenylhydrazon erwartet einen Gehalt von zwei Atomen Stickstoff im Molekül aufwies. Vier N-Atome wurden gefunden. Was war passiert? Eine zufriedenstellende Erklärung konnte Emil Fischer erst drei Jahre später, 1887, geben. Zwischenzeitlich hatte er die Umsetzung von Phenylhydrazin mit einer Modellverbindung studiert. [A 4, S. 144–147] Er wählte Benzoylmethanol, in dessen Molekül ebenso wie bei den Zuckern eine Ketogruppe und eine Hydroxylgruppe in 1,2-Positionen zueinander angeordnet sind. Es zeigte sich, daß nach der Umsetzung der Ketogruppe mit dem Phenylhydrazin auch noch an die Stelle der OH-Gruppe ein Phenylhydrazin-Rest tritt. Die Gesamtreaktion läßt sich durch folgende Reaktionsgleichung beschreiben:

Ein Molekül Benzoylmethanol setzt sich also insgesamt mit drei Molekülen Phenylhydrazin um. Dabei gehen zwei Moleküle in das Produkt ein, das dritte wird zu Anilin und Ammoniak abgebaut. Fischer führte für solche 1,2-Diphenylhydrazone den Namen Osazon ein. Die Osazone wurden zu Schlüsselverbindungen in der Zuckerchemie. Sie ermöglichten aufgrund ihres guten Kristallisationsvermögens und ihres für den jeweiligen Zucker charakteristischen Schmelzpunktes eine exakte Identifizierung. Zugleich eröffneten sie die Möglichkeit der Abtrennung der selbst nur schlecht kristallisierenden Zucker aus ihren Gemischen.

Systematische Untersuchungen der Zuckerosazone ergaben, daß Glucose und Fructose identische Osazone bilden. Ebenso bildet auch die von Fischer 1887 entdeckte Mannose dieses Osazon. Daraus konnte er den Schluß ziehen, daß die Konfiguration dieser drei Zucker an den C-Atomen 3 bis 6 identisch sein muß.

Mittels der Osazone konnte Fischer auch über die Reaktionsprodukte der Zuckersynthesen von Butlerov und Loew Klarheit gewinnen. Alexander Butlerov hatte 1861 nach der Zugabe von Kalkwasser zu einer erwärmten Lösung von Trioxan (dem Trimeren des Formaldehyds) einen Sirup von süßem Geschmack und gelblicher Farbe erhalten. Er nannte das Produkt „Methylenitan".

1885 stellte Oscar Loew auf analogem Wege wie Butlerov, jedoch bei Zimmertemperatur, ebenfalls ein sirupartiges Gemisch dar, das er als „Formose" bezeichnete. Durch Wiederholung der beiden Synthesen und der nachfolgenden Identifizierung der Produkte mittels Phenylhydrazin konnte Emil Fischer beweisen, daß in beiden Fällen Gemische verschiedener zuckerartiger Verbindungen entstanden waren. Der Hauptbestandteil war eine Verbindung $C_6H_{12}O_6$.

In der Folgezeit bemühte sich Emil Fischer auch selbst um die Totalsynthese von Zuckern. Als Ausgangsverbindung verwendete er anfangs 2,3-Dibromacrolein, später Glycerol, das er zu Glycerolaldehyd oxydierte. Die Synthese vollzog er dann auf folgende Weise [A 4, S. 15]:

Es genügt die Lösung von Glycerose [Glycerolaldehyd] ... mit Natronlauge schwach zu übersättigen und zwei Tage bei 0 ° stehen zu lassen, um alle Glycerose in Zucker zu verwandeln.

Dabei erhielt Emil Fischer 1887 eine Zuckerlösung, aus der er gemeinsam mit Julius Tafel zwei Osazone isolieren konnte. Die entstandenen Zucker wurden als α- und β-Acrose bezeichnet. Hierbei handelte es sich, wie später festgestellt worden ist, um inaktive Formen von Fructose und Sorbose.

Erfolgreich war Emil Fischer auch bei der Weiterentwicklung der Partialsynthese von Zuckern.

1885 hatte Heinrich Kiliani den fünf C-Atome enthaltenden Zucker Arabinose in den aus sechs C-Atomen bestehenden Zuckeralkohol Mannit umgewandelt. Durch Oxydation wird aus diesem Mannose zugänglich. Emil Fischer gelang es, das bei der Verseifung des zunächst entstehenden Cyanhydrins der Arabinose anfallende Mannosäurelacton mittels Natriumamalgam in schwach saurer Lösung direkt zur Mannose zu reduzieren.

```
                        CN                      O=C-OH
  H-C=O                HO-C-H                  HO-C-H
 HO-C-H               HO-C-H                   HO-C-H
  H-C-OH   -HCN        H-C-OH   -2H2O           H-C-OH
  H-C-OH    ───►       H-C-OH   ─────►          H-C-OH
 H2C-OH              H2C-OH    -HN3           H2C-OH

 d-Arabinose        Arabinosecyan-           Mannosäure
                    hydrin
```

$$[H^\oplus], -H_2O \longrightarrow \text{Mannosäurelacton} \quad +2H \longrightarrow \text{D-Mannose}$$

Mannosäurelacton   D-Mannose

Diese, später als Fischer-Kiliani-Synthese bezeichnete Aufbau-reaktion ermöglicht die schrittweise Kettenverlängerung (um jeweils ein C-Atom) von Monosacchariden. Sie wurde zu einem unverzichtbaren Hilfsmittel für die Konstitutionsaufklärung der Zucker.

Charakteristisch für Emil Fischer war auch sein Bemühen, die von ihm bearbeiteten Gebiete zu systematisieren. Als die damals gebräuchlichen Bezeichnungsweisen für die Zucker nicht mehr ausreichend waren, ging er daran, die Nomenklatur für die Zucker weiterzuentwickeln. Vieles davon ist auch heute noch direkt oder in abgewandelter Form in Gebrauch. Fischer bezeichnete die Zucker nach der Anzahl der in ihnen enthaltenen C-Atome als Triosen (3-C-Atome), Tetrosen (4), Pentosen (5), Hexosen (6), Heptosen (7), Octosen (8), Nonosen (9) usw.

Heute ist es üblich, die Anzahl der enthaltenen Sauerstoffatome als Bezugspunkt für die Bezeichnung der Zucker zu verwenden.

Zur Unterscheidung der Keto- von den Aldehydzuckern führte er die Namen Ketose und Aldose ein. Um Verwechslungen mit den optischen Eigenschaften (rechtsdrehend, linksdrehend) zu vermeiden, ersetzte er die Namen Dextrose durch Glucose und Lävulose durch Fructose.

Eine weiterführende Systematisierung konnte Emil Fischer erreichen, indem er ab 1891 auch die Konfiguration der einzelnen Zucker in seine Betrachtungen einbezog.

Dazu projizierte er Molekülmodelle, die er sich zu diesem Zwecke angefertigt hatte, so auf die Papierebene, „daß alle Kohlenstoffatome in einer geraden Linie sich befinden und daß die in Betracht kommenden Gruppen [H und OH] sämtlich über der Ebene des Papiers stehen". [A4, S. 54] Für die einfachste Aldtriose, den Glycerolaldehyd ergeben sich dann folgende Formen (in heutiger Schreibweise):

$$\begin{array}{cc}
\text{H--C=O} & \text{H--C=O} \\
\boxed{\text{H--C--OH}} & \boxed{\text{HO--C--H}} \\
\text{H}_2\text{C--OH} & \text{H}_2\text{C--OH}
\end{array}$$

D-Glycerolaldehyd   L-Glycerolaldehyd

Die Projektionsformeln nach Fischer (Fischer-Projektionen) haben sich rasch eingeführt. Sie werden auch heute noch zur Kennzeichnung der Konfiguration verwendet. Die Übersicht zeigt die Konfiguration der D-Aldohexosen in der Fischer-Projektion.

D-Allose   D-Altrose   D-Glucose   D-Mannose   D-Gulose   D-Idose   D-Galactose   D-Talose

Konfiguration der Aldohexosen der D-Reihe

Ausgehend von der Erkenntnis, daß die Projektionsformeln eine gute Beschreibung der Konfiguration gestatten, aber nicht sehr handlich sind, hat Emil Fischer auch Vorschläge zur Kennzeichnung der Konfiguration bei der Namensgebung gemacht. Er verwendete als Symbol für die OH-Gruppe das Symbol +, wenn sich diese rechts der geraden Linie der C-Atome befindet und das Symbol –, wenn diese nach links zeigt. Dabei muß die Projektionsformel so aufgeschrieben sein, daß die Aldehyd- bzw. die Ketogruppe nach oben steht.

Die Zählung der C-Atome beginnt ebenfalls von oben.

Für Glucose ergibt sich dann folgende Bezeichnung:

Hexose + – + +. Da alle Zucker ein oder mehrere asymmetrische Kohlenstoffatome enthalten, sind sie auch optisch aktiv. Das heißt, ihre Lösungen sind in der Lage, die Schwingungsebene des linear polarisierten Lichtes nach links oder nach rechts zu drehen. Zur Kennzeichnung der Drehrichtung schlug Fischer das Symbol d (von lat. dexter für rechts) für rechtdrehende Zucker vor, und dementsprechend für linksdrehende Zucker das Symbol l (von lat. laevus für links).

30

Die Kennzeichnungen sowohl für die Konfiguration als auch für die Drehrichtung sind später mehrfach geändert worden.

Heute werden die Buchstaben D und L für die Angabe Konfiguration verwendet. (+) und (–) geben die optische Drehrichtung an. [10] Die Angabe D bzw. L bezieht sich auf das asymmetrische C-Atom, das nach der Fischer-Projektion am weitesten von der Carbonylgruppe entfernt steht. Als Bezugsverbindung dient Glycerolaldehyd (2,3-Dihydroxypropanal). Stimmt in einem Monosaccharid die Konfiguration an diesem C-Atom mit der des D (+)-Glycerolaldehyds überein, dann gehört es der D-Reihe an. Hat dagegen dieses C-Atom die Konfiguration des L (–)-Glycerolaldehyds, dann gehört es zur L-Reihe.

Emil Fischer hat im Verlauf seiner Arbeiten zur Chemie der Zukker alle damals bekannten Monosaccharide erforscht und deren Konfiguration bestimmt. Mit großem experimentellem Einfühlungsvermögen und Geschick führte er die dazu notwendigen Aufbau- und Abbaureaktionen durch. Von den insgesamt 16 möglichen Aldohexosen konnte er z. B. 12 herstellen bzw. untersuchen.

Die übrigen vier sind erst später aufgefunden worden. Die großartigen Leistungen waren vielfach nur durch die Überwindung erheblicher Probleme erreichbar. Ein Beispiel soll dies verdeutlichen. Bei der Untersuchung der Aldohexosen stellte sich heraus, daß bestimmte Eigenschaften im Widerspruch zur ringoffenen Struktur (entsprechend der Fischer-Projektion) stehen. So konnte z. B. von Glucose mittels Natriumhydrogensulfit (Natriumbisulfit) kein Bisulfitaddukt erhalten werden. Unvereinbar mit der Kettenstruktur war auch die Erscheinung der Mutarotation: Wird eine aus Wasser umkristallisierte Probe von D-(+)-Glucose in Wasser aufgelöst, dann beträgt seine spezifische Drehung, $[\alpha]_D^{20}$, zunächst +111°. In einer wässrigen Lösung von D-(+)-Glucose, die aus Pyridin umkristallisiert worden ist, hat $[\alpha]_D^{20}$ unmittelbar nach dem Auflösen einen Wert von +19,2°. Läßt man die Lösungen stehen, dann ändert sich in beiden der Wert von $[\alpha]_D^{20}$ so lange, bis in beiden Fällen ein Wert von +52,5° erreicht ist. Zur Erklärung der aufgefundenen Erscheinungen gab es verschiedene Konzepte, von denen das 1883 von Tollens aufgestellte sich als am beständigsten erweisen sollte. Nach Tollens entsteht z. B. bei der Glucose zwischen der Aldehydgruppe und der OH-

Gruppe am C-Atom fünf eine intramolekulare Etherbindung, und es bildet sich ein Sechsring aus. Auf diese Weise wird auch das C-Atom eins asymmetrisch. Es entstehen zwei diastereomere Glykoside (ursprünglich auch Glucoside genannt). Im Falle der D-Zucker schreibt man nach Tollens (1883) die OH-Gruppe am C-Atom eins nach rechts (α-Form) bzw. nach links (β-Form). α- und β-Glykoside können sich, wie man heute weiß, über die offenkettige Aldehydform ineinander umwandeln:

$$
\begin{array}{ccc}
\text{H--C--OH} & \text{H--C=O} & \text{HO--C--H} \\
\text{H--C--OH} & \text{H--C--OH} & \text{H--C--OH} \\
\text{HO--C--H} & \longleftarrow \text{HO--C--H} \rightleftharpoons \text{HO--C--H} \\
\text{H--C--OH} & \text{H--C--OH} & \text{H--C--OH} \\
\text{H--C} & \text{H--C--OH} & \text{H--C} \\
\text{H}_2\text{C--OH} & \text{H}_2\text{C--OH} & \text{H}_2\text{C--OH,} \\
\alpha\text{-D-Glucose} & \text{D-Glucose} & \beta\text{-D-Glucose}
\end{array}
$$

Auf der Grundlage der Glykosidstruktur wurden auch die von den Aldehyden abweichenden Eigenschaften der Aldosen, insbesondere die Mutarotation, verständlich.

1893 erhielt Emil Fischer bei der Umsetzung von Glucose mit methanolischer Salzsäure die Methylglykoside der Glucose. Aus Strukturbetrachtungen kam er zu dem Schluß, daß auch hier zwei stereoisomere Formen existieren müssen. 1894 konnte Willem Alberda van Ekenstein beide Formen erstmals isolieren. 1894 führte dann Fischer die oben bereits verwendeten Bezeichnungen α- bzw. β-Glykosid ein. Später (1901) hat er für die beiden Methyl-D-glucoside folgende Formeln angegeben, ohne jedoch unterscheiden zu können, „welche von ihnen dem α-Methylglucosid entspricht" [A 4, S. 88]:

$$
\begin{array}{cc}
\text{H--C--OCH}_3 & \text{CH}_3\text{O--C--H} \\
\text{H--C--OH} & \text{H--C--OH} \\
\text{HO--C--H} & \text{HO--C--H} \\
\text{H--C} & \text{H--C} \\
\text{H--C--OH} & \text{H--C--OH} \\
\text{H}_2\text{C--OH} & \text{H}_2\text{C--OH} \\
\text{Methyl-}\alpha\text{-D-glucosid} & \text{Methyl-}\beta\text{-D-glucosid}
\end{array}
$$

32

Emil Fischer widmete eine große Anzahl von Arbeiten den Zuk-
kern, vgl. [A 4, A 5]. Dabei bezog er in seine Untersuchungen
die Disaccharide und die Polysaccharide ein.

Frühzeitig erkannte er auch die Bedeutung der Glykoside für die
Lösung biochemischer Fragestellungen. Im letzten Jahrzehnt seines Lebens bemüht er sich, Glykoside zu synthetisieren, die gleichzeitig Eiweiß-, Zucker- und Purinbausteine enthalten. Über der-
artige Verbindungen führt ein direkter Weg zu wichtigen Naturstoffen.

Doch gehören diese Arbeiten in seine Berliner Zeit. Noch ist Emil
Fischer Ordinarius für Chemie an der Universität Würzburg. Und
dort gab es im Privatleben des erfolgreichen Chemikers einschnei-
dende Veränderungen. Sein Junggesellendasein wurde beendet.

Ehe und Familie

In Würzburg pflegte Emil Fischer freundliche Beziehungen zu
den Familien des Chemikers Ludwig Knorr und des Arztes Wilhelm Leube. Die Ehefrau des letzteren war die Tochter des bekannten Würzburger Chemikers Adolf Strecker. Beide Frauen hatten an der Eheschließung Emil Fischers „ihren Anteil". In seiner
1918 verfaßten Selbstbiographie „Aus meinem Leben" ist dazu
folgendes zu lesen [A 12, S. 125]:

Frau Leube hatte schon in Erlangen die gute Absicht, mir eine Frau zu ver-
schaffen und glaubte das geeignete Mädchen dafür in Fräulein Agnes Gerlach in Erlangen gefunden zu haben. Aber meine Gleichgültigkeit in Sachen
der Liebe und die Überhäufung mit wissenschaftlichen Problemen waren
ihren Plänen nicht günstig gewesen, und schließlich trat noch als zweites
Hindernis meine Erkrankung und die Befürchtung eines Rückfalles dazwi-
schen. Aber Frauen geben so leicht ihre Lieblingsideen nicht auf, und so
wußte sie das durch Liebreiz ausgezeichnete Fräulein wiederholt zu Besuchen in Würzburg zu veranlassen. Sie wurde dabei auf das kräftigste un-
terstützt von Frau Dr. Knorr, die sich ebenfalls mit Fräulein Gerlach an-
gefreundet hatte.

Am 1. Dezember 1887 verlobte sich der damals bereits 35jährige
Emil Fischer mit der 26jährigen Tochter des Erlanger Anatomie-
professors Josef von Gerlach. In einem Brief an seinen Lehrer und
Freund Adolf von Baeyer teilt er darüber u. a. folgendes mit [B 1,
S. 106]:

Ich war fest entschlossen, meinen Lebensweg allein zu wandern, und nun
bin ich seit einigen Tagen Bräutigam von Fräulein Agnes Gerlach aus Erlangen. Die Geschichte ist alt, wurde aber rauh durch meine Krankheit
unterbrochen. Das Mädchen hat aber nicht nachgelassen. Ein Zufall führte
uns zusammen, und alle meine Prinzipien zerflogen wie Spreu vor dem
Winde. Nun, da der Würfel gefallen, habe ich die feste Überzeugung, das
Spiel gewonnen zu haben; denn das schöne, bescheidene und sanfte Mädchen wird auch dem launigen, eigenwilligen Gesellen die liebende, auf-
opfernde Gattin werden.

Am 22. Februar 1888 fand in Erlangen die Hochzeit statt. Nach
dem Ende des Wintersemesters, von Mitte März bis Mitte April,
unternahm das junge Ehepaar Fischer eine vierwöchige Hochzeits-
reise nach Italien. Über die Ehe der Familie Fischer ist relativ
wenig bekannt. Emil Fischer äußert sich in seiner Autobiographie
darüber sehr zurückhaltend [A 12, S. 125–126]:

Über diese Dinge will ich aber nichts näheres berichten, weil die Schlie-
ßung eines Ehebundes eine intime Sache ist. Ich kann nur sagen, daß meine
liebe Frau ein durch körperliche Schönheit, Reinheit der Seele und Sanft-
mut ausgezeichnetes Wesen war.

Das Eheglück der Familie Fischer sollte nur reichlich sieben Jahre
dauern. Am 12. November 1895 starb Frau Agnes Fischer an den
Folgen einer Meningitis. Emil Fischer, von diesem schweren Verlust tief erschüttert, ging keinen weiteren Ehebund ein. Die Ver-
sorgung des Haushaltes übernahm Fräulein Margarethe Barth, die
als „edle, aufopferungsvolle Frau" geschildert wird [26, S. 149 A]
und unter deren Pflege auch die drei Söhne von Agnes und Emil
Fischer, Hermann, Walter und Alfred, aufgewachsen sind.
Hermann wurde am 16. Dezember 1888 geboren. Er studierte
wie sein Vater Chemie. Nach dem Studium in Berlin und Jena,
wo er auch 1912 bei Ludwig Knorr promoviert worden ist, arbeitete er an der Universität Berlin, im Institut seines Vaters. Unterbrochen wurde seine Tätigkeit durch den ersten Weltkrieg.
Zwischen 1922 und 1932 hatte Hermann Fischer den Status eines
Privatdozenten. Er widmete sich mit großem Erfolg Problemen
der sich etablierenden Biochemie.
Von 1932 bis 1934 arbeitete er in der Schweiz, an der Universität Basel. Zunächst war er wiederum Privatdozent und von 1934
an außerordentlicher Professor. Zwischen 1937 und 1948 wirkte
er als Professor an der Universität Toronto, Ontario in Canada.

5 Hermann Fischer, der älteste Sohn von Emil Fischer [11]

Von 1948 bis 1956 arbeitete er im Department of Biochemistry der Universität Berkeley, Californien, in den USA. Hier hatte er von 1953 bis 1956 die Funktion des Institutsdirektors inne. Am 9. März 1960 ist er, 72jährig, in Los Angeles (USA) verstorben. Mit herausragenden Arbeiten hatte Hermann Fischer zum Fortschritt der Biochemie beigetragen. [11]

Der zweite Sohn, Walter, erblickte am 5. Juli 1891 das Licht der Welt. Er begann nach dem erfolgreichen Abschluß des Gymnasiums ein Medizinstudium. Eine psychische Erkrankung sowie verschiedene unmittelbar mit dem ersten Weltkrieg zusammenhängende Einflüsse hatten zur Folge, daß er 1916, kaum 25jährig, durch Suizid sein Leben beendete.

Alfred, der dritte Sohn, wurde am 3. Oktober 1894 geboren. Er wollte ursprünglich wie sein ältester Bruder Hermann Chemie studieren. Sein Vater riet ihm „wegen der großen Empfindlichkeit seiner Haut und seiner Kopfnerven" davon ab. So begann er ein Physikstudium. Nach zwei Semestern wechselte er die Fachrich-

tung und ging zur Medizin. 1915 wurde er zum Sanitätsdienst eingezogen. Im März 1917 erlag er einer Fleckfieberinfektion.
Den tragischen Verlust zweier Söhne während des 1. Weltkrieges hat Emil Fischer nie verschmerzen können. Die Ereignisse blieben, wie wir noch sehen werden, nicht ohne Auswirkungen auf seine persönliche Einstellung zum Krieg.
Doch zunächst zurück ins Jahr 1892.

Emil Fischer in Berlin

Ordinarius in Berlin

Im Mai 1892 wurde in Berlin durch den plötzlichen Tod von
August Wilhelm von Hofmann das Ordinariat für Chemie frei.
Verbunden mit dem Ordinariat war die Funktion des Direktors
des sogenannten I. Chemischen Instituts. Dieses Institut, zwischen
der Dorotheenstraße (heute Clara-Zetkin-Straße) und der Georgenstraße gelegen, war zwischen 1865 und 1869 unter Hofmanns
Leitung erbaut worden [12, S. 298]:

Der Neubau enthielt Arbeitsplätze für 70 Praktikanten und einen großen
Hörsaal für 300 Zuhörer. Dazu kam ein zweiter Hörsaal für etwa 50 Per-
sonen, ferner ausreichende Nebenräume und Loggien für Spezialarbeiten
und große Operationen, sowie endlich zwei Privatlaboratorien und die üblichen Magazine, Assistentenwohnungen und Dienerwohnungen.

Hofmann hatte in diesem Institut eine ergebnisträchtige Forschungsarbeit auf fast allen Gebieten der Chemie geleistet. Durch
die Ausstrahlungskraft seiner Persönlichchkeit sind viele Studenten nach Berlin gezogen worden. Hofmann verstand es, Begei-
sterung für die Chemie zu wecken und zu schüren. Nahezu drei
Jahrzehnte hatte er seine erfolgreiche Tätigkeit in Berlin, das seit
1871 Hauptstadt des unter preußischer Vorherrschaft gegründeten
Deutschen Kaiserreiches geworden war, ausgeübt. Für die Berliner
Universität und ihren gewachsenen Ansprüchen als „Universität
der Hauptstadt" war es nicht leicht, für Hofmann einen ebenbür-
tigen Nachfolger zu finden. Auf der Berufungsliste standen drei
der exponiertesten Chemiker der damaligen Zeit: August von
Kekulé, Adolf von Baeyer und Emil Fischer. Wie das Protokoll
der „Commissionssitzung der Philosophischen Fakultät" vom 20.
Mai 1892 ausweist, sind die Berufungsvorschläge von dem Chemiker Hans Heinrich Landolt eingebracht und von den vollständig anwesenden Mitgliedern der Kommission einstimmig angenommen worden. [13] Die Wahl fiel dann auf den an Jahren
Jüngsten, an den gerade vierzigjährigen Emil Fischer, der allerdings von der ihm widerfahrenen Ehre zunächst nicht sonderlich
erbaut war,

denn nun stand ich vor der Notwendigkeit, zwischen Würzburg, wo ich
mich so glücklich fühlte, und Berlin, wovor mir graute, zu entscheiden. [A 12,
S. 141]

Das Zureden durch seine Ehefrau und durch seinen Vater bewirkten, daß Emil Fischer schließlich am 17. Juli 1892 die Zusage
gab, ab Wintersemester 1892/93 mit den Vorlesungen in Berlin zu
beginnen. Im Berliner Chemischen Institut in der Georgenstraße
war bereits in den 70er und 80er Jahren des vorigen Jahrhunderts
ein erheblicher Platzmangel eingetreten,

denn mit dem Anwachsen der Universität erhöhte sich allgemein die In-
anspruchnahme der naturwissenschaftlichen Institute, und dazu kam noch
ein ungeahnter Zudrang zum Studium der Chemie, der durch das gewaltige
Aufblühen der chemischen Industrie bedingt war. [12, S. 299]

Auch das Institut selbst entsprach nicht mehr den Anforderungen
eines modernen Lehr- und Forschungsbetriebes [A 12, S. 146]:

Überall fehlte es an Luft und Licht und ein großer Teil des bebauten Rau-
mes bestand aus dunklen und unbenutzten Korridoren ... Ganz ungenü-
gend war auch die Ventilation ... Selbst die Heizung befand sich in einem
traurigen Zustand; denn die dafür vorhandenen Toröfen funktionierten ...
schlecht, ...

Ein Neubau war also dringend erforderlich. Während der Be-
rufungsverhandlungen 1892 war Emil Fischer dafür eine Zusage
gegeben worden. Aber es sollte noch bis zum Jahre 1900 dauern,
ehe der Neubau in Betrieb genommen werden konnte.
Vorerst wurde versucht, im vorhandenen Institut die gröbsten
Mängel zu beseitigen. Weiterhin wurden der Etat für den Haus-
halt von 15 000 Mark auf 20 000 Mark aufgestockt und zwei neue
Assistentenstellen bewilligt.
In Berlin hatte Emil Fischer ein sehr umfangreiches Arbeitspen-
sum zu bewältigen. Zu seinen Aufgaben als Ordinarius und Direktor des chemischen Institutes kamen die Anforderungen, die
aus seiner Zugehörigkeit zur Philosophischen Fakultät und zur
Akademie der Wissenschaften resultierten. In der Philosophischen
Fakultät der Berliner Universität waren die Naturwissenschaften
noch nicht, wie an zahlreichen anderen deutschen Universitäten
der damaligen Zeit, in einer eigenen Abteilung organisiert [A 12,
S. 149]:

Da die Fakultät ungeteilt ist und ... etwa 50. ... ordentliche Mitglieder hat, so kann man sich denken, welche ausführlichen Debatten ent-

38

6 Emil Fischer in sei-
nem Berliner Labor
[A 12]

stehen, wenn sogen. prinzipielle Fragen behandelt werden. Dazu kommt
noch die Gewohnheit, nicht allein alle kleinen Geschäfte, sondern sogar
die Abstimmung über das Resultat jeder einzelnen Doktorprüfung durch die
gesamte Korporation vorzunehmen.

Die Fakultätssitzungen waren während der Semester einmal wö-
chentlich. Eine Sitzung dauerte durchschnittlich vier Stunden. Emil
Fischer litt unter dieser zeitraubenden Tätigkeit, zumal meist Probleme dominierten, die nichts mit dem naturwissenschaftlichen
Bereich zu tun hatten. [A 12, S. 151]

Im allgemeinen spielen die Naturforscher in der Berliner Fakultät nicht
die Rolle, die sie beanspruchen könnten. Die Vertreter der Geisteswissen-
schaften sind zahlreicher und sicherlich zum Reden mehr geneigt, ...
Da sie ferner mehr Zeit haben und die Sitzungen regelmäßiger und andau-
ernder besuchen, so führen sie hier das große Wort, ...

Stark in Anspruch genommen wurde Emil Fischer auch durch die zahlreichen Promotionsprüfungen, die er gemeinsam mit dem Ordinarius des sogenannten II. Chemischen Institutes in der Bunsenstraße (ab 1905 Institut für Physikalische Chemie) Hans Landolt abzunehmen hatte. Dazu kam die Begutachtung der Arbeiten. Da die Mehrzahl der Dissertationen zu Themen aus der organischen Chemie angefertigt wurden, hatte Fischer hierbei den größeren Arbeitsanteil zu bewältigen.

Eine der ersten großen wissenschaftsorganisatorischen Aufgaben, die Emil Fischer in Berlin zu lösen hatte, war der Institutsneubau.

Bereits 1893, nachdem im Hofmannschen Institut die gröbsten Mißstände beseitigt worden waren, hat Emil Fischer seine Vorstellungen und Vorschläge dem preußischen Kultusministerium vorgetragen. Das Ministerium ließ sich aber mit der Einlösung des gegebenen Versprechens Zeit. Erst 1896 wurde mit der detaillierten Planung begonnen. Im Herbst 1897 war Baubeginn. Nach etwa 2½jähriger Bauzeit war es dann soweit. Ab 24. April 1900 konnte das neue Institut in der Hessischen Straße benutzt werden. Die offizielle Einweihungsfeier fand am 14. Juli 1900 statt. Entstanden war ein Institut von schlichtem äußeren Ansehen, dessen Innenausstattung für lange Zeit als beispielgebend im Weltmaßstab galt. Doch lassen wir Emil Fischer „sein Institut" selbst vorstellen [12, S. 301]:

Das Haus enthält drei Hörsäle, einen mit 500 Sitzplätzen, den zweiten mit 110 und den dritten mit 34 Plätzen. Es gliedert sich in vier große Unterrichtssäle, mit den zugehörigen Nebenräumen und vier großen Privatlaboratorien für die Dozenten ...
Ungefähr ein Drittel des Hauses ist der wissenschaftlichen Forschung gewidmet und für die Bedürfnisse nicht allein der anorganischen und organischen Chemie, sondern auch für die Ansprüche der physiologischen und physikalischen Chemie einschließlich der Radioaktivität und Thermochemie ausgerüstet.
Die Zahl der Arbeitsplätze beträgt in der analytischen Abteilung 144, in der organischen 96. Dazu kommen ungefähr 50 Plätze in den Privatlaboratorien und sonstigen Nebenräumen.

Im neuen Institut schuf Emil Fischer alle Voraussetzungen dafür, daß sowohl in der Lehre als auch in der Forschung eine für die damalige Zeit moderne Chemie auf hohem Niveau betrieben werden konnte. Die Anzahl der Lehrkräfte und der technischen Mit-

arbeiter wurde vergrößert. Das Praktikum wurde vom Direktor
selbst und von seinen drei Abteilungsvorstehern durchgeführt. Die
ersten Abteilungsvorstände der analytischen Abteilung waren
Siegmund Gabriel und Carl Dietrich Harries. Die organische Abteilung wurde zunächst provisorisch von Otto Ruff verwaltet, bis
1903 auch er Abteilungsvorsteher wurde. Stark angestiegen war die
Frequenz der Praktikanten. Die durchschnittliche Zahl der Praktikanten stieg von 161 zwischen 1889 und 1899 auf 423 zwischen
1900 und 1909. Die Zahl der Doktoranden erreichte zwischen
1901 und 1909 eine Durchschnittszahl von 30. [12, S. 304–305]
Intensiviert wurde im neuen Institut auch die Forschungstätigkeit.
Die Arbeiten über die Kohlenhydrate sind ausgebaut worden.
Neu dazu kam das Gebiet der Proteine. Über wesentliche Ergebnisse aus letzterem Gebiet wird später berichtet werden.
Trotz der eigenen Ausrichtung auf Spezialgebiete der organischen
Chemie erlebten unter Emil Fischer die anorganische Chemie und
die allgemeine Chemie einen sichtbaren Aufschwung. Wohlwol-
lend förderte er auch neu entstehende Gebiete. So konnte sich z. B.
im Oktober 1906 Otto Hahn in einer unbenutzten Holzwerkstatt,
die sich im Erdgeschoß des Institutes befand, ein Labor für ra-
diochemische Forschungen einrichten.
Schwer tat sich Emil Fischer jedoch, als es im Oktober 1907 um
die „Anstellung" der Physikerin Dr. Lise Meitner ging. Nach dem
reaktionären preußischen Hochschulgesetz war das Frauenstudium
nicht erlaubt. Emil Fischer gestattete der Physikerin, die bei Otto
Hahn experimentell arbeiten wollte, zwar den Zutritt zum Labor
von Otto Hahn, jedoch wurde ihr strengstens untersagt, die anderen Räume des Institutes zu betreten. Erst nachdem Ende 1908
auch in Preußen das Universitätsstudium für Frauen erlaubt worden war, setzte er sein Verbot außer Kraft.
Emil Fischer hatte zeit seines Lebens gegenüber dem Frauenstudium erhebliche Vorbehalte. Obwohl besonders in der Zeit des
imperialistischen ersten Weltkrieges sehr viele Frauen mit Erfolg
an seinem Institut studiert hatten, schrieb er 1918 in seiner Autobiographie „Aus meinem Leben" über das Studium von Frauen
[A 12, S. 192]:

Es gibt darunter oberflächliche, auch leichtfertige Elemente, die sich mehr
zur Schau oder zur Unterhaltung in die Hörsäle und Institute drängen. Aber
die Mehrzahl, ... denken [denkt] doch ernster, und unter den Mädchen,

die in den letzten Jahren das Institut besuchten, habe ich 2 oder 3 kennen gelernt, die guten Chemikern an Leistungen ganz gleich zu stellen waren. Trotzdem habe ich mich von der Zweckmäßigkeit des Frauenstudiums in der Chemie nicht überzeugen können, weil die Erfahrung lehrt, daß die Mehrzahl der studierten Frauen und gerade die besten später heirateten und dann gewöhnlich nicht mehr imstande sind, ihren Beruf auszuüben. ...

Emil Fischer stand mit dieser Auffassung zum Frauenstudium nicht allein. Die Mehrzahl der Hochschullehrer seiner Zeit, so z. B. auch der Physicochemiker Wilhelm Ostwald, der Historiker Hans Delbrück und die Rechtswissenschaftler Felix Dahn und Otto von Gierke, vertraten ähnliche Meinungen. Solche Professoren wie z. B. der Psychologe Wilhelm Wundt, der Philosoph Rudolf Eucken und der Sozialpädagoge Friedrich Wilhelm Foerster, die aus verschiedensten Motiven heraus für das Frauenstudium eintraten, blieben die Ausnahme. Mit der Zulassung von Frauen zum Universitätsstudium im Jahre 1908 wurde in Preußen ein Anachronismus beseitigt. In anderen Ländern war das Frauenstudium wesentlich früher erlaubt worden, so ab 1860 in Rußland und in den Vereinigten Staaten von Amerika, ab 1863 in Frankreich und ab 1870 in England. Doch es dauerte noch bis 1920, ehe Frauen an preußischen Universitäten auch das Recht der Habilitation und mit dem Erwerb der Venia legendi die Befugnis zum Halten von Vorlesungen bekamen.

Forschungen zur Chemie der Aminosäuren, Polypeptide und Proteine

1900 begann Fischer mit dem Studium einer weiteren Gruppe von Naturstoffen. Er wandte sich den Eiweißkörpern (Proteinen) und deren Bausteinen, den Aminosäuren, zu. Diese Verbindungen sind von fundamentaler Bedeutung für den Stoffwechsel. Von Friedrich Engels stammt die Formulierung [14]:

Leben ist die Daseinsweise der Eiweißkörper, deren wesentliches Moment im fortwährenden Stoffwechsel mit der äußeren sie umgebenden Natur besteht und die mit dem Aufhören dieses Stoffwechsels auch aufhört und die Zersetzung des Eiweißes herbeiführt.

Um die Jahrhundertwende waren die Kenntnisse über den Aufbau der Eiweißkörper noch gering. Ohne daß man es hinreichend beweisen konnte, wurde angenommen, daß diese Naturstoffe aus

amidartig verknüpften Aminosäuren bestehen. 1875 hatte Paul
Schützenberger bei der Hydrolyse von Eiweißkörpern in Anwesenheit von Basen verschiedene Aminosäuren gefunden. Jedoch
war sein Versuch, aus den Aminosäuren wieder Eiweiße aufzubauen, gescheitert. Das ließ sich nicht ohne weiteres verstehen.
Von anderen Naturstoffen, wie z. B. den Fetten, waren solche
Aufbaureaktionen bekannt.

1882 konnte dann Theodor Curtius einen ersten Teilerfolg bei der
Synthese von „Bausteinen" für Eiweißkörper verbuchen. Er erhielt bei der Umsetzung von Benzoylchlorid mit dem Silbersalz
der Aminosäure Glycin zwei Reaktionsprodukte. Eines davon
konnte er als Benzoylglycylglycin identifizieren. Das andere wurde
1904 als Benzoylpentaglycylglycin erkannt:

$$\text{Benzoylchlorid} + 2\ H_2N\text{-}CH_2\text{-}COOAg \xrightarrow[-AgCl,\ -AgOH]{} \text{Benzoyl-glycyl-glycin}$$

$$+6\ H_2N\text{-}CH_2\text{-}COOAg \xrightarrow[-AgCl,\ -5\ AgOH]{} \text{Benzoyl-pentaglycyl-glycin}$$

Damit war es Curtius gelungen, zwei (an der Aminogruppe benzoylierte) Peptide zu erhalten, ein Dipeptid (bestehend aus zwei
Glycinbausteinen) und ein Hexapeptid (bestehend aus sechs Glycinbausteinen). Nach Fischer sind Peptide im Labor hergestellte
Kondensationsprodukte aus Aminosäuren und Proteine in der Natur vorkommende Polypeptide. Auf Curtius geht noch eine weitere einfache Peptidsynthese zurück. Er setzte Aminosäureazide
mit Aminosäuren um. Dabei konnten unter Abspaltung von Stickstoffwasserstoffsäure ebenfalls Peptidbindungen geknüpft werden. Voraussetzung für den einheitlichen Ablauf der Reaktion ist
jedoch, daß die freie Aminogruppe wiederum durch Acylierung
geschützt wird:

$$\text{Acyl-glycylazid} \xrightarrow[-HN_3]{+H_2N\text{-}CH_2\text{-}COOH} \text{Acyl-glycyl-glycin}$$

Die Acylgruppen lassen sich schwer wieder von den Peptiden abspalten. Acylierte Peptide weisen deutlich andere Eigenschaften auf als ihre nichtacylierten Analoga.

Es war daher ein großer Fortschritt für das Studium der Peptide, als wiederum Curtius in den Aminosäureestern ebenfalls reaktionsfähige Ausgangsverbindungen zur Peptidsynthese erkannte. Er fand 1904, daß sich bereits beim Aufbewahren einer wäßrigen Lösung des Ethylesters des Glycins ein cyclisches Diamid, das Diketopiperazin, bildet:

$$2\,H_2N-CH_2-COOC_2H_5 \xrightarrow[-2\,C_2H_5OH]{} \text{Diketopiperazin}$$

Glycinethylester · Diketopiperazin

Dagegen entsteht beim Aufbewahren des reinen Ethylesters des Glycins der Ethylester des Triglycylglycins:

$$4\,H_2N-CH_2-COOC_2H_5 \xrightarrow[-3\,C_2H_5OH]{} H_2N-CH_2-CO-(HN-CH_2-CO)_2-HN-CH_2-COOC_2H_5$$

Glycinethylester · Triglycyl-glycinethylester

Als Emil Fischer mit den Untersuchungen zur Chemie der Eiweißkörper begann, erwartete ihn eine Fülle von Aufgaben. Weitgehend unerforscht war der hydrolytische Abbau der Eiweißkörper sowohl in qualitativem als auch in quantitativem Rahmen. Es fehlten effektive Synthesemethoden für Aminosäuren. Die Trennung von Aminosäuren unterschiedlicher optischer Aktivität mußte bewältigt werden. Ein verallgemeinerungsfähiges Prinzip zum Aufbau von Peptiden war notwendig. Und schließlich hegte er den Wunsch, auch einmal einen in der Natur vorkommenden Eiweißkörper zu synthetisieren. Dieses auch heute noch als sehr anspruchsvoll anzusehende Forschungsprogramm mußte mit den damals verfügbaren relativ einfachen präparativen und analytischen Hilfsmitteln erfüllt werden. Als erstes beschäftigte sich Emil Fischer mit der Synthese von Aminosäuren. Zunächst griff er auf die im Jahre 1850 von Adolf Strecker angegebene Methode der Umsetzung von 2-Halogencarbonsäuren mittels Ammoniak zurück. Da die 2-Halogencarbonsäuren häufig schwer zugänglich waren, führte er zur Herstellung der Aminosäuren substituierte Malonester ein. So konnte er z. B. 1906, gemeinsam mit Wilhelm

Schmitz, die Aminosäure Leucin aus Isobutylmalonsäureester gewinnen:

$$(CH_3)_2CH-CH_2-CH(COOR)_2 \xrightarrow[-HBr]{+Br_2} (CH_3)_2CH-CH_2-CBr(COOR)_2$$

Isobutylmalonester

$$\xrightarrow[-2ROH,-CO_2]{+2H_2O} (CH_3)_2CH-CH_2-CHBr-COOH \xrightarrow[-HBr]{+NH_3} (CH_3)_2CH-CH_2-\underset{NH_2}{CH}-COOH$$

Leucin

Bleibendes leistete Emil Fischer auch bezüglich der Isolierung und Identifizierung von Aminosäuren. Die bei der hydrolytischen Spaltung von Eiweißkörpern anfallenden Aminosäuregemische ließen sich durch fraktionierte Kristallisation meist nur mühevoll, oft überhaupt nicht, trennen. Emil Fischer gelang es dagegen, nach deren Veresterung die Aminosäuren (bzw. deren Ester) durch fraktionierte Destillation mit gutem Erfolg zu trennen. Seine neue Methode ermöglichte ihm die Entdeckung von bis dahin noch unbekannten Aminosäuren wie z. B. Prolin und Hydroxyprolin. Insgesamt konnte er in der Zeit zwischen 1901 und 1907 die Zahl der bekannten Aminosäuren von 14 auf 19 vergrößern. [15] Curtius bezeichnete einmal den von Fischer aufgezeigten Weg zur Abtrennung der Aminosäuren aus deren Gemischen über ihre Ester als „Markstein in der Chemie der Proteine". [B 1, S. 402] Herausragende Ergebnisse erreichte Emil Fischer auch bei der Bearbeitung der Peptidsynthesen. Bereits 1901 gelang es ihm, gemeinsam mit Ernest Forneau, das bereits genannte Diketopiperazin durch Kochen mit Salzsäure in Glycylglycin zu überführen. 1903 führte er eine neue Peptidsynthese ein, indem er α-Halogencarbonsäurehalogenide bzw. α-Halogenacylaminosäurehalogenide mit Aminosäuren umsetzte. Der Austausch der α-Halogenfunktion durch eine Aminofunktion führte zum längerkettigen Peptid, z. B.:

$$R-CHX-C\underset{X}{\overset{O}{<}} \xrightarrow[-HX]{+H_2N-CH_2-COOH} R-CHX-C\overset{O}{<}_{NH-CH_2-COOR}$$

α-Halogencarbonsäurehalogenid α-Halogenacyl-glycin

$$\xrightarrow[-HX]{+NH_3} R-\underset{NH_2}{CH}-C\overset{O}{<}_{NH-CH_2-COOH}$$

α-Aminoacyl-glycin

Emil Fischer hat mittels dieser Verfahren im Verlauf seiner Arbeiten etwa 100 Polypeptide mit unterschiedlicher Art und Anzahl von Aminosäuren synthetisiert. Bereits 1907 konnte er auf der Festsitzung des Vereins deutscher Chemiker am 23. 5. in Danzig (Gdansk) über die Darstellung eines Octadecapetids berichten, das aus 15 Glycin- und 3 Leucinbausteinen zusammengesetzt war. Das Peptid enthielt die Aminsäuren in folgender Reihenfolge (Sequenz) [B 7]: Leucin-(Glycin)$_3$ – Leucin-(Glycin)$_3$ – Leucin-(Glycin)$_9$. Wegen seiner grundlegenden Arbeiten zur Chemie der Peptide wird Fischer häufig als „Vater der Peptidchemie" bezeichnet. Sein Ziel, ein in der Natur vorkommendes Peptid im

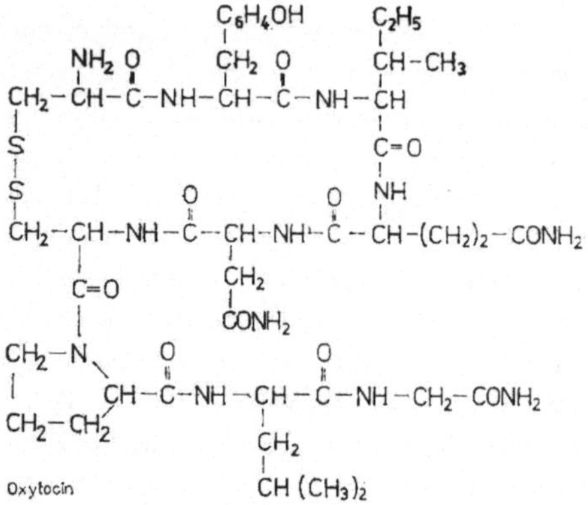

Oxytocin

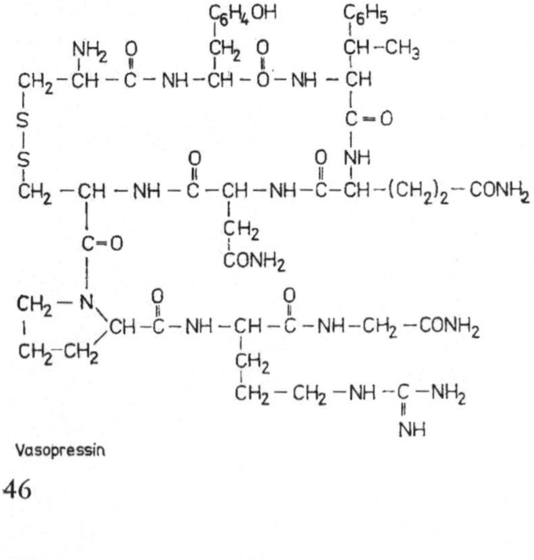

Vasopressin

46

Labor zu synthetisieren, konnte er selbst nicht erreichen. Erst 34 Jahre nach Fischers Tode gelang Vincent du Vigneaud und Mitarbeitern die Totalsynthese zweier biologisch aktiver Peptide. Es handelte sich um die Hormone des Hypophysenhinterlappens Oxytocin und Vasopressin. [16, 17]

Die Formeln auf S. 46 geben die Struktur des Oxytocins und des Vasopressins in der von Vigneaud angegebenen Weise wieder. Aus Gründen der Übersichtlichkeit wird heute die Kennzeichnung der Reihenfolge der Aminosäuren in den Peptiden (Sequenz) meist durch die Kurzbezeichnungen der einzelnen Aminosäuren vorgenommen:

$$\begin{array}{c} \overbrace{\quad\; S \;\quad\quad\quad\quad S \quad} \\ H - Cys - Tyr - Ile - Gln - Asn - Cys - Pro - Leu - Gly - NH_2 \end{array}$$

Oxytocin

$$\begin{array}{c} \overbrace{\quad\; S \;\quad\quad\quad\quad S \quad} \\ H - Cys - Tyr - Phe - Gln - Asn - Cys - Pro - Lys - Gly - NH_2 \end{array}$$

Vasopressin

Die erfolgreichen Synthesen der beiden Hypophysenhinterlappenhormone lenkten das Interesse auf die Darstellung weiterer Peptide im Labor. Bereits 1963 konnte dann die Totalsynthese des Hormons der Langerhansschen Inseln der Bauchspeicheldrüse, des Insulins, mit Erfolg abgeschlossen werden. Dieses Polypeptid besteht aus zwei Peptidketten mit 21 bzw. 30 Aminosäuren. Beide Ketten sind über zwei Disulfid-Brücken miteinander verknüpft; siehe S. 48. [18]

Emil Fischer als Hochschullehrer und Wissenschaftsorganisator

Unter der Leitung von Emil Fischer entwickelte sich das Berliner Institut zum führenden chemischen Institut im wilhelminischen deutschen Reich, ja es erlangte Weltgeltung. Fischer gab den Tätigkeiten im Institut die Priorität gegenüber anderen an ihn herangetragenen Aufgaben. Er war sich seiner Position als Inhaber des Chemielehrstuhles an der hauptstädtischen Universität voll bewußt. Waren es doch vor allem die von ihm und die unter sei-

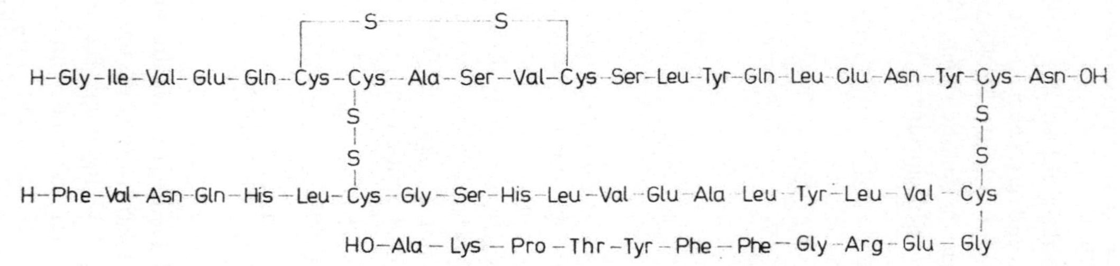

Sequenz der Aminosäuren im Insulin

ner Leitung erzielten herausragenden Forschungsergebnisse, die seine und des Institutes nationale und internationale Anerkennung fundamentierten. Bereits 1902 wurde Emil Fischer als zweiter Chemiker (ein Jahr nach van't Hoff) und als erster deutscher Chemiker mit dem Nobelpreis für Chemie geehrt. Die Verleihung dieser hohen wissenschaftlichen Auszeichnung erfolgte aufgrund der bereits diskutierten Arbeiten über die Kohlenhydrate und über die Purine.

Emil Fischer stellte seine ganze Persönlichkeit in den Dienst der Wissenschaft. Am kulturellen Leben der Hauptstadt nahm er kaum Anteil, ja er betrachtete die Zeit für einen Theater- oder Konzertbesuch als Zeit, die ihm für seine wissenschaftliche Arbeit verlorengeht. Das Institut leitete er mit despotischer Strenge. Täglich ging er durch die Praktikumssäle und informierte sich über den Fortgang der Arbeiten. Bei Mißerfolgen konnte seine Kritik vernichtend sein. Doch das bedeutet nicht, daß er diese Kritik vom Standpunkt einer persönlichen Selbstüberschätzung erteilte. Emil Fischer stand sich und seinen eigenen Arbeiten immer kritisch gegenüber. Im Umgang mit seinen Assistenten machte er keine großen Worte, seine Ratschläge und Auskünfte waren meist recht karg. Doch diese Art hatte auf seine Schüler einen großen erzieherischen Einfluß. Sie wurden dadurch zum selbständigen Denken herausgefordert, wer dann aber den Beweis eigener Denkleistungen erbracht hatte und zu einem neuen Experimentalbefund gelangt war, dem wurden dann im Gespräch von Fischer die folgerichtigen Konsequenzen seiner Arbeit aufgezeigt. So erlebten seine Schüler die geniale Kombinationsgabe von Emil Fischer und seine den wissenschaftlichen Arbeiten gegenüber stets aufgeschlossene Haltung. In den Prüfungen, die, wie es heißt, „mitunter den Charakter eines Verhörs hatten", legte er sehr hohe Maßstäbe an. „Wer den Prüfungsraum verließ, wußte, wie wenig er weiß." [B 6] Dennoch oder vielleicht gerade auch deshalb sind zahlreiche namhafte Chemiker aus dem Berliner Institut hervorgegangen. Als Beispiele seien die späteren Nobelpreisträger (NP) Otto Diels (NP 1950), Hans Fischer (NP 1930), Otto Warburg (NP 1931) und Adolf Windaus (NP 1928) sowie Emil Abderhalden, Franz Fischer, Karl Freudenberg und Wilhelm Traube genannt. Enge Bindung hatte Emil Fischer auch zur Deutschen Chemischen Gesellschaft. Bereits unter A. W. v. Hofmann, exakt seit

Oktober 1884, wurde der große Hörsaal des Chemischen Institutes in der Georgenstraße für die Sitzungen der Gesellschaft ge-
nutzt. Erst im Oktober 1900 fand die Chemische Gesellschaft in
dem von ihr errichteten Hofmann-Haus im Berliner Tiergarten-
viertel (heute in Berlin-West gelegen) ein eigenes Domizil.
Die Deutsche Chemische Gesellschaft war am 11. November 1867
als Deutsche Chemische Gesellschaft zu Berlin gegründet worden.
1876 wurde sie in Deutsche Chemische Gesellschaft umbenannt.
Wie deren Vorbilder, die englische Chemical Society of London
(1841 gegründet) und die französische Société chimique de Paris
(gegründet 1857), sollte sie die Entwicklung des Gesamtgebietes
der Chemie fördern. Erster Präsident der chemischen Gesellschaft
wurde August Wilhelm von Hofmann. Er hatte bis zu seinem
Tode 1892 dieses Amt insgesamt 14mal (für jeweils eine einjäh-
rige Wahlperiode) inne und hat die Entwicklung der Deutschen
Chemischen Gesellschaft zu dieser Zeit maßgeblich beeinflußt.

In diesen 25 Jahren hatte Hofmann die Gesellschaft gegen manchen an-
fänglichen Widerstand zu einer im In- und Auslande geachteten Organisation
deutscher Chemiker ausgebaut. Ihr Publikationsorgan, die Berichte der deutschen chemischen Gesellschaft, hatte sich einen führenden Platz unter den
deutschsprachigen chemischen Zeitschriften erworben, und mit den Zusammenfassenden Vorträgen ... wurden die Mitglieder über größere Gebiete
der Chemie im Zusammenhang unterrichtet. [19, S. 90]

Emil Fischer war es vorbehalten, die folgenden 27 Jahre die Geschichte der Deutschen Chemischen Gesellschaft zu formen. In
dieser Zeit übte er viermal das Amt des Präsidenten (1894, 1895,
1902 und 1906) und neunmal das Amt des Vizepräsidenten aus.
Er trat also weniger als Repräsentant der Gesellschaft in Erscheinung, wie dies bei A. W. v. Hofmann der Fall war. In dem ihm
eigenen Verantwortungsbewußtsein für die Wissenschaft Chemie
setzte er sich stets und uneigennützig für die Belange der Chemischen Gesellschaft ein, so z. B. bei Personalentscheidungen, im
Rahmen der wissenschaftlichen Aktivitäten der Gesellschaft, bei
der Übernahme des „Chemischen Zentralblattes" und bei den
Verhandlungen um die Weiterführung des Beilstein-Handbuches
durch die Deutsche Chemische Gesellschaft ab 1896. Auf diese
Weise hat er nachhaltig die wissenschaftliche Entwicklung der
Deutschen Chemischen Gesellschaft in dieser Zeit bestimmt. [19,
S. 99] Stark engagiert nahm Emil Fischer am wissenschaftlichen

Leben der Berliner Akademie der Wissenschaften teil. Bald nach seiner Berufung nach Berlin wurde er 1893 auch Ordentliches Mitglied dieser wissenschaftlichen Institution. Die Berliner Akademie der Wissenschaften war 1700 von Gottfried Wilhelm Leibniz als Kurfürstlich-Brandenburgische Societät der Wissenschaften gegründet worden. Bis zum Ende des 19. Jahrhunderts hatte sie sich zur bedeutendsten und größten der deutschen Akademien entwickelt. Sie gehörte zu den führenden Akademieeinrichtungen in Europa [20, S. 7]:

Der Schwerpunkt ihrer Arbeit lag in der Diskussion und Rezeption von Forschungsergebnissen, die die Mitglieder der Akademie zum überwiegenden Teil außerhalb dieser Institution, meist in der Universität, erzielt hatten, ...

Die Akademie verstand sich als „Gesellschaft von Gelehrten, welche zur Förderung und Erweiterung der allgemeinen Wissenschaften, ohne einen bestimmten Lehrzweck, eingesetzt ist". Sie verfügte selbst nicht über Forschungseinrichtungen, förderte aber wissenschaftliche Arbeiten ihrer Mitglieder, insbesondere solche von großem Umfang und langer Dauer.
Die Zahl der Akademiemitglieder war limitiert. Sie betrug z. B. 1899 insgesamt 274. Davon hatten 54 den Status eines Ordentlichen Mitgliedes (OM), 20 den eines Auswärtigen (AM) und 200 den eines Korrespondierenden Mitgliedes (KM). Die eine Hälfte der Mitglieder gehörte der physikalisch-mathematischen Klasse, die andere der philosophisch-historischen Klasse an. Jedoch mußten nicht ständig alle Mitgliederstellen besetzt sein. In dem als Beispiel genannten Jahre 1899 betrug innerhalb der physikalisch-mathematischen Klasse die Anzahl der OM 24 von 27, die Anzahl der AM 4 von 10 und die Anzahl der KM 74 von 100 möglichen. Die Anzahl der Ehrenmitglieder (EM) war nicht begrenzt. [20, S. 8] Durch die Bedingungen, daß ein OM seinen Wohnsitz in oder bei Berlin haben mußte und ihm das Recht eingeräumt wurde, an der Universität Vorlesungen zu halten, gab es eine starke Verknüpfung der Interessen zwischen beiden Institutionen. Im allgemeinen wurden nur solche Kandidaten zum Akademiemitglied gewählt, die auch den Vorstellungen der Universität entsprachen. Umgekehrt wurde zum Universitätsprofessor berufen, wer auch den Erwartungen der Akademie genügte.

Erst nach der Gründung der Kaiser-Wilhelm-Gesellschaft im Jahre 1911 veränderte sich die Situation. Die Direktoren der zu dieser Gesellschaft gehörenden Institute wurden Mitglieder der Akademie. 1912 wurde der Direktor des Kaiser-Wilhelm-Institutes für Chemie Ernst Beckmann als OM in die Akademie aufgenommen. Die Wahl von Fritz Haber, dem Direktor des Institutes für Physikalische Chemie und Elektrochemie der Kaiser-Wilhelm-Gesellschaft, zum OM erfolgte 1914.

Emil Fischer nutzte von Anfang seiner Mitgliedschaft an das Podium der Akademie, um regelmäßig über seine Forschungsergebnisse zu berichten. Dabei verstand er es, die eigenen Arbeiten in den Gesamtrahmen der Wissenschaftsentwicklung einzuordnen. Damit wurden seine Vorträge zugleich zu „Fortschrittsberichten" über die organische Chemie und deren Grenzgebiete. Stets bemühte sich Emil Fischer auch, Möglichkeiten zur Anwendung der Forschungsergebnisse in der Praxis aufzuzeigen. Als Beispiel für einen solchen Vortrag soll der 1907 gehaltene Festvortrag „Die Chemie der Proteine und ihre Beziehungen zur Biologie" genannt werden. [21] Dieser Vortrag verdeutlicht zugleich den umfassenden chemischen und historischen Weitblick des Referenten. In der Zeit bis zum ersten Weltkrieg war es überwiegend Emil Fischer, der vor der Akademie über neue Ergebnisse aus dem Gebiet der organischen Chemie vortrug. Die Zahl seiner Publikationen in den Sitzungsberichten der Königlich Preußischen Akademie der Wissenschaften zu Berlin, von 1892 bis 1914 waren es mehr als 30, legt davon beredtes Zeugnis ab.

Mit hohem Einsatz widmete sich Emil Fischer noch einer anderen wissenschaftsorganisatorischen Aufgabe, der Gründung von chemischen Institutionen, in denen nur Forschung, also keine Lehre, betrieben werden sollte. Im Ergebnis dieser Initiative kam es zur Gründung des sogenannten Kaiser-Wilhelm-Institutes für Chemie im Jahre 1912. Die enge Verknüpfung von Lehre und Forschung an den Universitäten und technischen Hochschulen hatte trotz all ihrer Vorzüge auch Nachteile. Langzeitversuche und „Arbeiten, die die ununterbrochene Aufmerksamkeit des Experimentators erforderten", so z. B. die genaue Bestimmung von Konstanten, waren unter diesen Bedingungen kaum möglich. Für die physikalischen Wissenschaften ist daher bereits 1887 in Berlin eine Institution gegründet worden, die ausschließlich Forschungs-

7 Ansicht des Kaiser-Wilhelm-Institutes für Chemie in Berlin-Dahlem 1912
[A 14]

aufgaben hatte, die Physikalisch-technische Reichsanstalt. Eine
analoge Einrichtung im chemischen Bereich gab es nicht. Aus diesem Grunde regte 1905 Emil Fischer zusammen mit Walther
Nernst und Wilhelm Ostwald in einer Denkschrift die Bildung
einer chemischen Reichsanstalt an. Das Ziel dieser Einrichtung
sollte „vornehmlich in der Bewältigung feinerer oder mit großem
Aufwand bestreitbarer wissenschaftlicher Aufgaben, ... bestehen". [B1, S. 160]
Im März 1908 wurde dann ein „Verein Chemischer Reichsanstalt"
gegründet, der die wissenschaftliche und die technische Chemie
fördern und die Errichtung und Unterhaltung einer entsprechenden Institution vorantreiben sollte. Emil Fischer wurde Vorsitzender dieses Vereins. 1911 kam es zu einer Fusion des „Vereins
Chemische Reichsanstalt" mit der im Januar 1911 gegründeten
„Kaiser-Wilhelm-Gesellschaft zur Förderung der Wissenschaften". Gemeinsam wurde der Bau eines chemischen Forschungs-
institutes in Berlin-Dahlem in Angriff genommen. Und am 23.Ok-
tober 1912 konnte in Anwesenheit des damaligen deutschen Kai-
sers Wilhelm II. das „Kaiser-Wilhelm-Institut für Chemie" eingeweiht werden. Emil Fischer hielt die Begrüßungsansprache und

53

8 Einweihung des Kaiser-Wilhelm-Institutes für Chemie in Berlin-Dahlem 1912, rechts vorn Adolf von Harnack, gefolgt von Emil Fischer. (Mit freundlicher Genehmigung des Archivs der Max-Planck-Gesellschaft, Berlin-West.)

übergab im Namen des Vereins Chemische Reichsanstalt das Haus seiner Bestimmung gemäß an den Präsidenten der Kaiser-Wilhelm-Gesellschaft Adolf von Harnack. [A 14] Zum Direktor des neuen Institutes ist Ernst Beckmann berufen worden. Der Naturstoffchemiker Richard Willstätter erhielt den Status eines „dauernden wissenschaftlichen Mitgliedes". Der Radiochemiker Otto Hahn wurde „wissenschaftliches Mitglied auf beschränkte Zeit". [A 14] Mit ihm erhielt die in den „Kinderschuhen" steckende Radiochemie eine eigene Forschungsabteilung. Am gleichen Tage erhielt die Chemie in Berlin-Dahlem noch ein zweites neues Domizil, das Kaiser-Wilhelm-Institut für Physikalische Chemie und Elektrochemie. Dieses Institut ist zu einem erheblichen Teil durch Stiftungsgelder des Berliner Bankiers Leopold Koppel, der sogenannten Koppelstiftung, finanziert worden. Koppel wollte auf diesem Wege einmal seinen Einfluß auf die chemische Forschung vergrößern und zugleich die Ausnutzung der Forschungsergebnisse für seine Interessen sichern. Das Institut erhielt daher auch innerhalb der Kaiser-Wilhelm-Institute einen Sonderstatus, der erst nach dem ersten Weltkrieg aufgehoben worden ist.

Emil Fischer hat in der Funktion des Vorsitzenden des Verwaltungsausschusses maßgeblichen Anteil am Zustandekommen beider Projekte. Entscheidenden Einfluß hatte sein Wort bei der Auswahl der Leitungskader.

Mit hohem Engagement setzte sich Emil Fischer auch für den Aufbau eines weiteren Institutes der Kaiser-Wilhelm-Gesellschaft ein. So konnte am 27. Juli 1914, kurz vor Ausbruch des ersten Weltkrieges, in Mülheim/Ruhr das Institut für Kohleforschung seiner Bestimmung übergeben werden. In diesem Institut sollten vorrangig Probleme der Kohleveredlung bearbeitet werden. Zum Institutsdirektor wurde der Anorganiker Franz Fischer nominiert, der dort in den zwanziger Jahren zusammen mit Hans Tropsch die bekannte Fischer-Tropsch-Synthese ausarbeitete. Die Kaiser-Wilhelm-Institute hatten die Aufgabe, Grundlagenforschung im Interesse der Monopole zu betreiben. Zahlreiche bedeutende Forschungsergebnisse wurden in ihnen erzielt. Während des ersten Weltkrieges wurden sie dann weitestgehend in den Dienst der imperialistischen Kriegsinteressen gestellt.

Die Zeit des ersten Weltkrieges

Anfang August 1914 begann der imperialistische erste Weltkrieg, der über die Völker Europas und der Welt unermeßliches Leid bringen sollte. Mit ihrer Politik des „Burgfriedens" hatten die opportunistischen Führer der deutschen Sozialdemokratie die Interessen der Arbeiterklasse verraten und die Position des deutschen Imperialismus gestärkt. Von Anfang an unterstützte auch die Mehrheit der deutschen bürgerlichen Intelligenz den imperialistischen Krieg. Im Oktober 1914 wurde ein „Aufruf an die Kulturwelt" veröffentlicht, der die Unterschrift von 93 bedeutenden deutschen Wissenschaftlern und Künstlern trug.

In diesem „Aufruf der 93" wurden die Kriegshandlungen der deutschen Imperialisten und Verbrechen gegen die Zivilbevölkerung in besetzten Gebieten rückhaltlos verteidigt und der deutsche Militarismus als angeblicher Beschützer der Kultur herausgestellt. In wie starkem Maße es der herrschenden Klasse gelungen war, in dieser ersten Kriegsphase vorübergehend auch humanistisch eingestellte Wissenschaftler zur Bejahung der Kriegspolitik zu veranlassen, zeigt die Liste der Unterschriften. [20, S. 175]

Zu den Unterzeichnern aus dem mathematisch-naturwissenschaftlichen Bereich gehörten unter anderem Emil Fischer, Fritz Haber, Walther Nernst, Max Planck, Adolf von Baeyer, Philipp Lenard, Wilhelm Ostwald, Wilhelm Conrad Röntgen, Wilhelm Wien und Felix Klein.

Es ist hier nicht möglich, die Position jedes einzelnen Gelehrten differenziert aufzuzeigen. Einer der Gründe lag in der Wissenschaftpolitik des deutschen Imperialismus, der die Bedingungen schuf und die Möglichkeiten für einen hohen Aufschwung der Naturwissenschaften einräumte, so daß die deutsche Wissenschaft auf vielen Gebieten die Weltspitze bestimmen konnte. Auch von Fischer kann nicht im einzelnen die Begründung seiner Unterschrift gegeben werden, doch bekannt ist, daß „er sich von einem erfolgreichen Waffengang eine Läuterung der Volksseele, das Verschwinden des lästigen Parteiengezänkes, die Behebung der Standesunterschiede und des Gegensatzes von Besitz und Proletariat" versprach. [B1, S. 178] Leider kann auch nichts darüber gesagt werden, welche Haltung Fischer zu dem Gegenaufruf „An die Europäer", der von Albert Einstein, Georg Friedrich Nicolai, Friedrich Wilhelm Foerster und Otto Bueck unterschrieben und einzelnen Wissenschaftlern in Berlin vorgelegt worden ist, eingenommen hat. Dieser Aufruf wandte sich gegen die Barberei des Krieges. Emil Fischer begann gleich am Anfang des Krieges, „kriegswichtige" Probleme zu bearbeiten. So übergab er z. B. am 1. Oktober 1914 dem kaiserlich-deutschen Kriegsministerium ein Gutachten zur Überwindung des Salpetermangels. Der Wegfall der Salpeterimporte aus Chile und der starke Anstieg des Pulververbrauches hatten zu einer raschen Abnahme der Salpetervorräte geführt. Emil Fischer setzte sich für den forcierten Aufbau von Anlagen zur Ammoniaksynthese nach dem Haber-Bosch-Verfahren und zur Ammoniakoxydation nach dem Ostwald-Verfahren ein. Im Ergebnis seiner Aktivitäten entstand in relativ kurzer Zeit eine Großindustrie zur Erzeugung von Salpetersäure und Nitraten.

Auf Initiative Fischers erlebten auch die Produktion von Synthesecampher aus Terpentinöl, die Produktion von Methylkautschuk, die Gewinnung von Benzen und Toluen aus Kohle, die Herstellung von Schwefel aus einheimischen Rohstoffquellen u. a. m. einen starken Aufschwung.

Als im Verlauf des Krieges die Nahrungsmittel immer knapper wurden, stellte Emil Fischer zusammen mit Fritz Haber und Walther Nernst im Januar 1917 beim kaiserlichen Kriegsministerium den Antrag auf Bildung eines „Nährstoffausschusses". Über diesen Ausschuß gelang es Fischer, zahlreiche andere Forscher in die Bemühungen zur Minderung des Nahrungsmangels einzubeziehen. Die Palette der Arbeiten hierfür reichte von Untersuchungen über die Möglichkeiten zur Streckung von Brot, zur Ausmahlung und Entkeimung des Getreides über die Gemüsekonservierung und die Nutzbarmachung von Laub, Schilf, Schilfwurzeln, Quecken u. a. m. bis hin zur Produktion von Kaffee-Ersatz, dem synthetischen Coffein zugesetzt werden sollte, und zum Einsatz von p-Phenetolcarbamid als „Süßstoff". [B5]

Durch die Mitarbeit in den verschiedenen Kommissionen und Ausschüssen gewann Emil Fischer einen recht realistischen Einblick in die aktuelle Lage. Dieser Einblick, verbunden mit dem tiefen persönlichen Leid, das ihm durch den Verlust von zwei seiner drei Söhne widerfuhr, bewirkten, daß er früher als andere die Sinnlosigkeit des Krieges erkannte und den Zusammenbruch des imperialistischen Deutschlands voraussah. In zunehmendem Maße begann er, den Krieg zu hassen, und „im August 1918 sprach er von dem Kriege als von einem schlechten Geschäft, das liquidiert werden müsse". [B1, S. 180]

Im Gegensatz zu anderen Chemikern, wie z. B. Fritz Haber, Richard Willstätter und Walther Nernst, beteiligte er sich nicht am Bau oder an der Erprobung von Waffen und Kampfmitteln. Schon frühzeitig, nachdem er sich der verhängnisvollen Wirkung des „Aufrufes an die Kulturwelt" bewußt geworden war, begann er, seine Unterschrift unter dieses Dokument zu bereuen. Nach dem Kriege war er bereit, seine Unterschrift zu widerrufen. Er widersetzte sich auch mit Erfolg nationalistischen Exzessen vieler seiner Kollegen. So konnte er z. B. 1915 eine Streichung der Ehrenmitglieder aus dem „feindlichen Ausland" aus den Listen der Deutschen Chemischen Gesellschaft verhindern.

Als Sohn eines kapitalistischen Unternehmers, eng mit dem Gedankengut der Bourgeoisie und durch viele seiner Forschungsergebnisse, Patente sowie über die Kaiser-Wilhelm-Gesellschaft selbst eng mit der Großindustrie verbunden, erkannte er nicht die wahren Ursachen des imperialistischen Krieges.

Emil Fischer versuchte während des Krieges, trotz der stark reduzierten Zahl von Mitarbeitern und Hilfskräften und schlechter
materieller Voraussetzungen, seine Forschungsarbeiten zielstrebig
weiterzuführen. Seine intensive Tätigkeit half ihm auch, persönliche Rückschläge wie Krankheit, den Tod zweier seiner Söhne
u. a. zu verkraften. Die Forschungsergebnisse aus dieser Zeit fanden ihren Niederschlag in insgesamt 25 Publikationen. [B 5]
Eine exponierte Stellung in jener Zeit nahmen die Arbeiten zur
Chemie der Depside, Flechtenstoffe und Gerbstoffe sowie über
die Glykoside ein.

Untersuchungen über Depside, Flechtenstoffe und Gerbstoffe sowie über Glykoside

Bereits 1908 hatte Emil Fischer begonnen, seine Aufmerksamkeit
einer weiteren Gruppe von Naturstoffen, den Gerbstoffen, zuzuwenden.

Die Gerbstoffe haben zwar nicht die allgemeine biologische Bedeutung der
Fette, Kohlenhydrate, Proteine und Purinkörper, . . ., aber sie sind im Pflanzenreiche ... weit verbreitet und finden in der Gerberei ... ausgedehnte
Verwendung, . . . [A 9, Vorwort]

Am 23. September 1913 hatte Emil Fischer dann auf der Naturforscherversammlung in Wien eine erste Bilanz über seine Forschungen ziehen und neue Ziele abstecken können. [A9, S. 3–39]
Eine Art Abschlußbericht gab er in einem weiteren Vortrage, am
28. November 1918, in der Akademie der Wissenschaften zu Berlin. [A9, S. 40–60]
Bis zum Beginn der Arbeiten Fischers gab es über die Zusammensetzung der Gerbstoffe sehr widersprüchliche Auffassungen.
So hatte z. B. Hugo Schiff angenommen, daß das chinesische Tannin, einer der gebräuchlichsten Gerbstoffe, mit Digallussäure identisch sei. Adolf Strecker kam aufgrund seiner Untersuchungen zu
dem Schluß, daß Tannin eine Verbindung von Traubenzucker und
Gallussäure ist. Maximilian Nierenstein vertrat die Auffassung,
Tannin sei ein Gemisch aus Digallussäure und optisch aktivem
Leukotannin. [A9, S. 24]
Emil Fischer orientierte seine Untersuchungen ebenfalls auf den

9 Emil Fischer
[A 12]

Gerbstoff der Galläpfel, das Tannin, sowie auf einige diesem verwandte Verbindungen, die sich alle strukturell von Phenolcarbonsäuren ableiten lassen. Phenolcarbonsäuren besitzen die Fähigkeit, intermolekulare Ester, sogenannte Esteranhydride, zu bilden. Schon 1883 hatte A. Klepl bei der trockenen Destillation von p-Hydroxybenzoesäure ein solches Esteranhydrad erhalten. [A9, S. 4]

$$HO - \bigotimes - COOH + HO - \bigotimes - COOH \xrightarrow{-H_2O} HO - \bigotimes - CO - O - \bigotimes - COOH$$

p-Hydroxybenzoesäure

(p-Hydroxyphenylformyloxy)-benzoesäure, „p-Di-hydroxybenzoesäure"

Fischer und Freudenberg führten für die „Esteranhydride" der Phenolcarbonsäuren die Bezeichnung Depside ein. [A9, S. 104] Die ersten systematischen Arbeiten zur Chemie der Gerbstoffe waren der Synthese von Di-, Tri- und Tetradepsiden gewidmet. Bis 1913 gelang Fischer (und Mitarbeitern) die Synthese von 28 Didepsiden, zwei Tridepsiden und vier Tetradepsiden.

Verschiedene Depside sind Inhaltsstoffe der Flechten oder „Bausteine" der Gerbstoffe. Im Ergebnis ausgiebiger Untersuchungen konnten Emil Fischer und seine Mitarbeiter Karl Freudenberg und Max Bergmann zeigen, daß das Tannin der chinesischen Zackengalle in der Hauptsache aus Penta-(m-digalloyl)-β-glucose besteht.

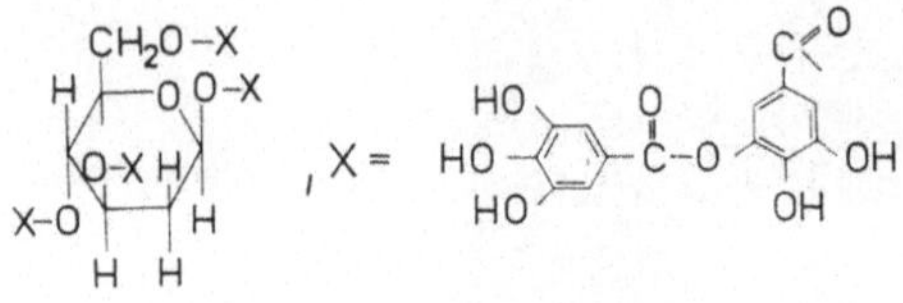

Penta – (m–digalloyl) –β–glucose

Bei der Synthese derartiger Verbindungen waren die reichen Erfahrungen, die bei der Synthese der Peptide gesammelt worden waren, von Nutzen, so z. B. die Kenntnisse über die reversible Blockierung der phenolischen Hydroxylgruppen durch Umsetzung mit Chlorkohlensäuremethylester oder mit Acetylchlorid und über die Aktivierung der Carboxylgruppen durch deren Umwandlung zum Säurechlorid. So wurde durch Umsetzung von 3,4,5-Triacetylgalloylchlorid mit 3,5-Diacetylgallussäure die Pentaacetyl-p-digallussäure zugänglich. Bei der Abspaltung der Acetylgruppen konnte eine Umlagerung des p-Digallussäuregerüstes zur m-Digallussäure beobachtet werden. Diese Umlagerungsreaktion wurde Gegenstand weiterführender Untersuchungen sowohl an aromatischen als auch an aliphatischen Polyhydroxyverbindungen.

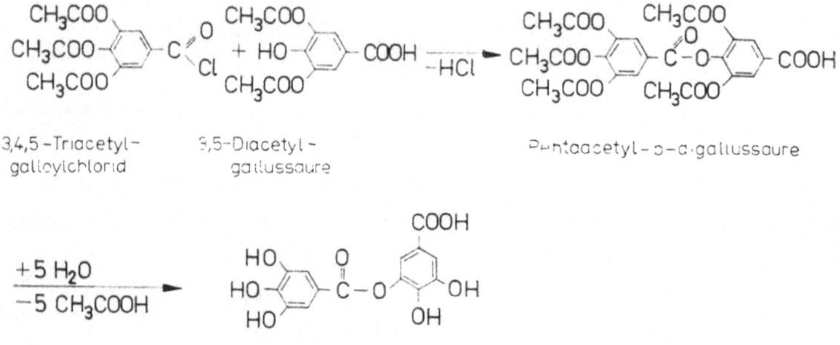

3,4,5-Triacetyl-
galloylchlorid

3,5-Diacetyl-
gallussäure

Pentaacetyl-p-digallussäure

m-Digallussäure

60

Mit grundlegenden Arbeiten bereicherten Emil Fischer und dessen Mitarbeiter die Chemie der natürlichen Glykoside. Auch hierzu können nur einige ausgewählte Beispiele gebracht werden.

1870 hatte Hugo Schiff das in den Kernen der bitteren Mandeln vorkommende Glykosid Amygdalin durch Emulsin zu Benzaldehyd, Blausäure und einem Disaccharid gespalten.

$$\text{Amygdalin} + 2\,H_2O, \text{[Emulsin]} \longrightarrow \text{Benzaldehyd} + HCN + 2\,C_6H_{12}O_6$$

1895 wurde von Emil Fischer mit Hilfe der „Hefenenzyme" aus dem Amygdalin ein Molekül Glucose abgespalten, wobei Mandelsäurenitrilglucosid übrig blieb [A4, S. 780–783]:

$$\text{Amygdalin} + H_2O, \text{[Hefeenzyme]} \longrightarrow \text{Mandelsäurenitrilglucosid} + C_6H_{12}O_6$$

1917 konnte er dann in einer Arbeit, die er gemeinsam mit Max Bergmann publizierte, über die erfolgreiche Synthese dieses Mandelsäurenitrilglucosides sowie einiger verwandter Verbindungen berichten. [A5, S. 68–90]

1919 gelang Emil Fischer zusammen mit Gerda Anger die Darstellung eines im Flachs (Linum usitatissimum) vorkommenden Glykosids, des Linamarins, das aus Glucose und Acetoncyanhydrin aufgebaut ist [A5, S. 91–105]:

$$CH_3-\underset{\underset{CN}{|}}{\overset{\overset{CH_3}{|}}{C}}-O-C_6H_{11}O_5$$

Linamarin

Als wesentliches Hilfsmittel für die Glykosidsynthesen erwies sich die von Emil Fischer selbst in die Synthesechemie eingeführte Tetraacetylbromglucose. Über diese Verbindung führte auch der Weg zur Synthese von Nucleosiden und Nucleotiden.

Nucleoside sind Verbindungen, die aus einem Monosaccharid und einer heterocyclischen Base (z. B. einer Purinbase) bestehen, wobei beide über eine glycosidische Bindung miteinander verknüpft sind. Nucleotide sind „phosphorylierte" Nucleoside, in denen eine Hydroxylgruppe der Zuckerkomponente mit Phosphorsäure verestert ist. Fischer konnte zusammen mit Burckhardt Helferich durch Umsetzung von Tetraacetylbromglucose mit den entsprechenden Basen (oder Derivaten dieser Basen) die Nucleoside folgender Purine herstellen: Theophyllin, Theobromin, Hypoxanthin, Xanthin, Hydroxycoffein, Guanin und Adenin. [A5, S. 137–161] Desweiteren versuchte er, durch Reaktion der Nucleoside mit Phosphorsäure auch zu synthetischen Nucleotiden zu gelangen. In einem Vortrag vor der Preußischen Akademie der Wissenschaften am 30. Juli 1914 konnte er als ersten Erfolg auf diesem Gebiet über die Darstellung des Phosphorsäureesters des Theophyllin-glucosides berichten. Seine Ankündigung:

Ich werde selbstverständlich das neue Verfahren der „Phosphorylierung" ... auf die schon bekannten synthetischen Puringlucoside und auch auf die natürlichen Nucleoside, das Adenosin, Guanosin usw. übertragen, [A 5, S. 165]

hat er nicht mehr verwirklichen können. Weltkrieg und Tod haben dies verhindert.

Mit seinen Arbeiten zur Chemie der Nucleoside und Nucleotide hatte Emil Fischer ein Gebiet betreten, in dem die Wurzeln der modernen Biochemie liegen. Der Träger des genetischen Codes, die Desoxyribonucleinsäure (DNS) ist „nichts weiter" als ein polymeres Nucleotid, dessen Bausteine aus jeweils einem Molekül einer Purinbase, des Zuckers Desoxyribose und der Phosphorsäure bestehen. Unsere heutigen Kenntnisse inbesondere zur Sekundärstruktur der DNS gehen auf die grundlegenden Arbeiten von Jades Dewey Watson und Francis Harry Compton Crick aus dem Jahre 1952 zurück.

Emil Fischer konnte die Bedeutung, die die Nucleotide für den Ablauf der Lebens- und Vererbungsvorgänge besitzen, nur ahnen. Vor dem Hintergrund der heute möglichen „Genmanipulationen" durch Austausch einzelner Basenbestandteile innerhalb der Polynucleotidkette erscheinen seine Gedanken geradezu als prophetisch [A5, S. 165]:

Mit der Erschließung der Gruppe [der natürlichen Nucleotide] ist die Möglichkeit gegeben, zahlreiche Stoffe zu gewinnen, die den natürlichen Nucleinsäuren mehr oder weniger nahestehen. Wie werden sie auf verschiedene Lebewesen reagieren? Werden sie zurückgewiesen oder zertrümmert oder werden sie am Aufbau des Zellkerns teilnehmen? die Antwort darauf kann nur der Versuch geben. Ich bin kühn genug zu hoffen, daß unter besonders günstigen Bedingungen der letzte Fall, die Assimilation künstlicher Nucleinsäuren ohne Spaltung des Moleküls eintreten kann. Das müßte aber zu tiefgreifenden Änderungen des Organismus führen, die vielleicht den in der Natur beobachteten dauernden Änderungen, den Mutationen, ähnlich sind.

Krankheit und Tod

Sowohl in seiner Jugend als auch in späteren Jahren hatte Emil Fischer mehrfach schwere Krankheiten durchgemacht [B1, S. 193]:

Der hartnäckige Magenkatarrh seiner Jugend, die beängstigende Erkrankung der Atmungsorgane während der Erlanger Zeit, die unheimlich nachhaltige Phenylhydrazin-Vergiftung aus den Würzburger Tagen, häufige, quälende Heiserkeit, peinliche Verdauungsstörungen, regelmäßig wiederkehrende Bronchialkatarrhe, ... die äußerst bedenkliche Lugenentzündung aus dem Winter 1911 waren an ihn herangetreten und ... überwunden worden.

Besonders litt Emil Fischer unter „seinem Phenylhydrazin". Diese Verbindung, der „Schlüssel" zu zahlreichen seiner Entdeckungen, erwies sich als hochtoxisch. Wiederholt (1894–96, 1898 und 1900–1901) hatte Fischer unter Phenylhydrazin-Vergiftungen zu leiden. Über die Vergiftungserscheinungen berichtete er 1901 in einem Brief an den bekannten Toxikologen Louis Lewin, nachdem er die Giftwirkung auf die äußere Haut bei einigen seiner Mitarbeiter beschrieben hat, folgendes [B10, S. 879]:

Viel schlimmer war bei mir die Wirkung auf Magen und Darm, wobei ich allerdings bemerken muß, daß diese Organe bei mir locus minoris resistentiae sind. Auch hier stellte sich die Empfindlichkeit erst ein, als ich im Laufe der Arbeiten über Zucker 1½ bis 2 Jahre fast täglich mit der Base zu thun hatte. Sie steigerte sich dann aber auch so sehr, daß schließlich ein halbstündiger Aufenthalt in einem Raum, wo überhaupt mit Phenylhydrazin gearbeitet wurde, schon ein Gefühl der Uebelkeit und hinterher Durchfall erzeugte.
Thatsächlich war ich 5 Jahre halbkrank und bin den Zustand erst losgeworden, seit ich das Phenylhydrazin ganz aus meinem Privatlaboratorium

verbannt hatte. Heute nach 4jähriger Pause kann ich es wieder leidlich
vertragen.

Lewin kommt aufgrund verschiedener Untersuchungen über die
Giftwirkung des Phenylhydrazins zu dem Schluß, daß diese Verbindung ihren „Anteil an dem langen Leiden und dem schließlichen Zustand von Fischers Körper gehabt hat". [B10, S. 880]

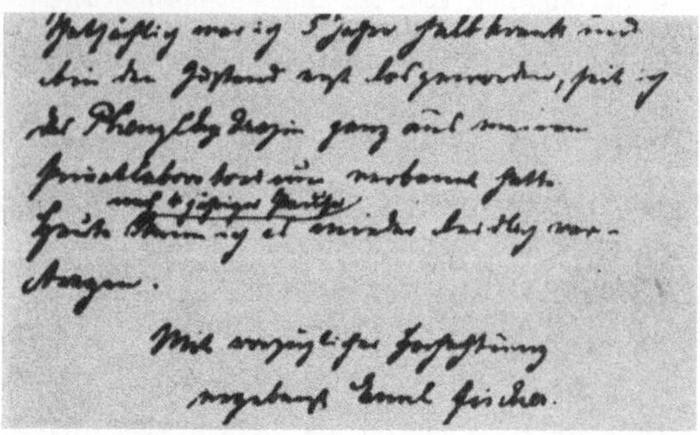

10 Ausschnitt aus einem Brief von Emil Fischer aus dem Jahre
1901 an den Toxikologen Louis Lewin, in dem er über die Giftwirkung des Phenylhydrazins berichtet. [B 10, S. 879]

Im Sommer 1917 begann sich der Gesundheitszustand Emil Fischers erneut zu verschlechtern. War es zunächst wiederum ein
Darmkatarrh, so folgten im Winter heftige Gallenbeschwerden
und eine Lungenentzündung. Längere Kuraufenthalte im Frühjahr
und Sommer 1918 in Locarno (Schweiz) und Karlsbad (heute
Karlovy Vary) ließen ihn wieder genesen. In Locarno begann er,
seine Autobiographie „Aus meinem Leben" [A 12] zu schreiben.
Im Wintersemester 1918/19 konnte er sich dann wieder ganz der
Wissenschaft zuwenden. Neu in sein Forschungsprogramm wurden Untersuchungen zur Struktur des Glucals aufgenommen. Für
diese Verbindung ist folgende Formel aufgestellt worden [A5,
S. 410]:

$$CH_2(OH)-CH(OH)-CH-CH(OH)-CH=CH$$
$$\mid\_\_\_\_\_\_\_O\_\_\_\_\_\_\_\mid$$

Glucal

Nach dem Ende des ersten Weltkrieges beteiligte er sich mit hohem Engagement an der Neuorganisation des Wissenschaftsbetriebes.

... in den Juni- und Juli-Wochen dieses Jahres [1919] mutete er sich noch eine außergewöhnliche Arbeitsbürde zu, deren Bewältigung ihn von 8 Uhr früh bis gegen 11 in der Nacht seiner Villa ... fernhielt. [B 1, S. 196]

Am 11. Juli zwangen ihn heftige Schmerzen, zu Hause zu bleiben. Die ärztliche Diagnose lautete: Inoperables Darmkarzinom. Um dem mit dieser Krankheit verbundenen Hinsiechen zu entgehen, beendete Emil Fischer am 15. Juli 1919 mittels Blausäure selbst sein Leben.

Am Vormittag jenes verhängnisvollen Tages hatte er noch dem Notar in einer mehrstündigen Sitzung sein umfangreiches Testament diktiert. Darin bedachte er u. a. die Akademie der Wissen-

Berlin, den 16. Juli 1919.

Meinen Herren Kollegen habe ich die schmerzliche Mitteilung zu machen, daß der ordentliche Professor in der Philosophischen Fakultät, Direktor des Chemischen Instituts, Wirkliche Geheime Rat

Dr. phil. et med., Dr. Ing. Emil Fischer

am 15. d. M. gestorben ist.

Die Beerdigung findet am Freitag, dem 18. Juli d. Js., nachmittags 4 Uhr von der Leichenhalle des Friedhofes Neue Kirche in Wannsee aus statt.

Der Rektor der Universität

Seeberg.

11 Traueranzeige auf Emil Fischer (Mit freundlicher Genehmigung des Archivs der Humboldt-Universität, Berlin)

12 Emil-Fischer-
Denkmal, des Bild-
hauers Fritz Klimsch
[28]

schaften zu Berlin mit einer Summe von 750 000 Mark. Mit diesem Geld, der sogenannten Emil-Fischer-Stiftung, sollten Arbeiten von Nachwuchswissenschaftlern gefördert werden.

Am 18. Juli 1919 wurde Emil Fischer auf dem Friedhof in Berlin-Wannsee zur Ruhe gebettet. [22] In bewegten Worten würdigte sein langjähriger Freund Adolf von Harnack Persönlichkeit und Lebenswerk. Der Abteilungsvorsteher im Chemischen Institut Siegmund Gabriel sprach im Namen aller Mitarbeiter Fischers Worte des Dankes. Die Deutsche Chemische Gesellschaft führte am 24. Oktober 1919 im Hofmann-Haus in Berlin eine Gedächtnisfeier für Emil Fischer durch. [23] Vor überfülltem Hause würdigte Hermann Wichelhaus die Verdienste Emil Fischers um die Deutsche Chemische Gesellschaft. [24] Ludwig Knorr sprach über die wissenschaftlichen Arbeiten Emil Fischers und ehrte dessen Persönlichkeit. [25] Carl Duisberg gedachte der Verdienste Emil Fischers um die chemische und pharmazeutische Industrie. [26] Gleichzeitig teilte er der Versammlung mit, daß die chemische Industrie den Künstler Fritz Klimsch beauftragt habe, für Emil

Fischer ein „einfache[s], aber würdige[s] Denkmal zu entwerfen". [27] 1921 konnte das Fischer-Denkmal in der Nähe des Chemischen Instituts in Berlin aufgestellt werden. [28] Im zweiten Weltkrieg fiel es dem Bombenterror zum Opfer.

Emil Fischer und sein Werk erlebten bis in unsere heutige Zeit hinein zahlreiche Ehrungen und Würdigungen. So wurde, um nur ein Beispiel zu nennen, im Januar 1953 der nach seiner Zerstörung im zweiten Weltkrieg wiederaufgebaute große Hörsaal des Chemischen Instituts der Humboldt-Universität Berlin als Emil-Fischer-Hörsaal erneut seiner Bestimmung übergeben und darin eine von Fritz Cremer gestaltete Reliefplatte auf Emil Fischer angebracht.

Emil Fischers Forschungsergebnisse sind heute aus der Chemie der organischen Naturstoffe nicht mehr wegzudenken.

Der Naturstoffchemiker und Nobelpreisträger Richard Willstätter charakterisierte in seinem Buch „Aus meinem Leben" Emil Fischer als den „unerreichte[n] Klassiker, Meister der organisch-chemischen Forschung in analytischer und synthetischer Richtung". [29] Und in diesem Sinne kann er auch für die Chemiker unserer Zeit Vorbild und Ansporn sein.

13 Relief-Plakette auf Emil Fischer, gestaltet von Fritz Cremer (1953). (Der Autor dankt der Sektion Chemie der Humboldt-Universität für die Überlassung der Vorlage und die freundliche Genehmigung zum Druck.)

Chronologie

1852 Emil Fischer wird am 9. Oktober in Euskirchen (Rheinland) geboren.

1865/67 Besuch des Gymnasiums in Bonn.

1867 Gründung der Deutschen Chemischen Gesellschaft zu Berlin. ab 1876 Deutsche Chemische Gesellschaft.

1867/69 Besuch des Gymnasiums in Wetzlar, dort Abitur als „Primus omnium" (Jahrgangsbester).

1869 Ab Oktober kaufmännische Lehrausbildung in Rheydt. E. Fischer beschäftigt sich in seiner Freizeit mit Chemie.

1870 Abbruch der Lehre.

1870/71 Deutsch-französischer Krieg.

1870/71 Unterbrechung des Ausbildungsganges E. Fischers infolge längerer Krankheit.

1871 18. Januar, Proklamierung des deutschen Kaiserreiches in Versailles.

1871 Aufnahme eines Chemiestudiums an der Universität Bonn bei August Kekulé.

1872 Hochschulwechsel nach Straßburg, dort Fortsetzung des Chemiestudiums bei Adolf von Baeyer.

1874 Promotion, danach wissenschaftlicher Assistent bei Adolf von Baeyer.

1875 Entdeckung des Phenylhydrazins.

1875 Nach der Berufung von Adolf von Baeyer nach München im Oktober folgt ihm Fischer dorthin und arbeitet bei ihm als Assistent.

1878 Publikation einer zusammenfassenden Arbeit zur Konstitution des Phenylhydrazins in Liebigs Annalen der Chemie.

1878 Abschluß der Untersuchungen zur Struktur der basischen Farbstoffe der Rosanilinklasse, diese Arbeiten hatte er gemeinsam mit seinem Vetter Otto Fischer ausgeführt.

1878 19. März Habilitation, Thema des Vortrages: Die heutigen Aufgaben der Chemie.

1879 Fischer wird ab März etatmäßiger a. o. Professor und Abteilungsvorstand der analytischen Abteilung des chemischen Institutes der Universität München.

1882 1. April, Ordinarius in Erlangen, Nachfolger von Jacob Volhard.

1882 Beginn der Arbeiten zur Chemie der Purinkörper.

1883 Beim Erwärmen des Phenylhydrazons von Brenztraubensäure in Gegenwart von Salzsäure wird Indol gebildet (Fischers Indol Synthese).

1884 Beginn der Arbeiten zur Chemie der Kohlenhydrate.

1884/85 Aufgrund eines chronischen Bronchialkatarrhs muß Emil Fischer einen längeren Genesungsurlaub nehmen, „Urlaubsvertreter" wird sein Vetter Otto Fischer.

1885 Berufung nach Würzburg als Nachfolger von Johannes Wislicenus.

1887 Fischer klärt die Struktur der Osazone auf, die Osazone erweisen sich als Schlüsselverbindungen bei der Identifizierung von Zuckern.

1887 Fischer und Tafel gelingt die Totalsynthese von zwei Zuckern (α- und β-Acrose).

1888 Hochzeit mit der Tochter des Erlanger Anatomieprofessors Gerlach, aus der gemeinsamen Ehe gehen drei Söhne hervor, Hermann (1888–1960), Walter (1891–1916), Alfred (1894–1917).

1891 Einführung der Fischer-Projektion zur einheitlichen Kennzeichnung der Stellung der Substituenten an den asymmetrischen C-Atomen der Zucker.

1892 Berufung Fischers nach Berlin, ab Wintersemester 1892/93 Vorlesungen am I. Chemischen Institut in der Georgenstraße.

1893 Fischer wird Ordentliches Mitglied der Berliner Akademie der Wissenschaften.

1893/94 Fischer entdeckt die Methylglycoside der Glucose und führt die Bezeichnungen α- und β-Glykosid ein.

1895 November, Tod seiner Ehefrau Agnes, Fischer geht keinen weiteren Ehebund ein.

1897 Baubeginn des neuen Berliner chemischen Institutes in der Hessischen Straße.

1900 Einweihung des neuen Institutes.

1900 Beginn der Forschungsarbeiten zur Chemie der Aminosäuren, Polypeptide und Proteine.

1902 Fischer erhält den Nobelpreis für Chemie für seine bahnbrechenden Arbeiten über Zucker und Purinkörper.

1906 Mit der Einrichtung eines radiochemischen Labors durch Otto Hahn im Erdgeschoß des Fischerschen Institutes bekommt die damals im Entstehen begriffene Radiochemie eine erste Heimstätte.

1907 Erfolgreiche Synthese eines Octadecapeptides, bestehend aus 15 Glycin- und 3 Leucinbausteinen.

1908 Beginn der Arbeiten über eine weitere Gruppe von Naturstoffen, den Gerbstoffen.

1912 Am 23. Oktober werden das Kaiser-Wilhelm-Institut für Chemie und das Kaiser-Wilhelm-Institut für Physikalische Chemie in Berlin-Dahlem eingeweiht. Fischer wird Vorsitzender des Verwaltungsausschusses.

1914 Im Juli wird in Mülheim/Ruhr ein weiteres Kaiser-Wilhelm-Institut, und zwar für Kohleforschung, eröffnet.

1914 Am 28. Juli beginnt der imperialistische erste Weltkrieg.

1914 Emil Fischer berichtet vor der Preußischen Akademie der Wissenschaften über die erfolgreiche Synthese eines Nucleotides, des Phosphorsäureesters des Theophylinglucosids.

1917	In Rußland findet die Große Sozialistische Oktoberrevolution statt, die die Epoche des Übergangs vom Kapitalismus zum Sozialismus einleitet.
1918	Emil Fischer beginnt mit der Niederschrift seiner Autobiographie „Aus meinem Leben" während seiner Kuraufenthalte in Locarno und Karlsbad (Karlovy Vary).
1918	Ende Oktober/November, Novemberrevolution in Deutschland.
1918	9. November, Ausrufung der Republik, Abdankung des deutschen Kaisers Wilhelm II.
1918	11. November, mit dem Waffenstillstandsabkommen von Compiègne wird der erste Weltkrieg beendet.
1919	Mit hohem Engagement beteiligt sich Fischer an der Neuorganisierung des wissenschaftlichen Lebens.
1919	15. Juli, Fischer erliegt einer bösartigen Darmerkrankung.
1919	18. Juli, Beisetzung auf dem Friedhof Berlin-Wannsee.
1919	24. Oktober, Gedächtnisfeier der Deutschen Chemischen Gesellschaft für Emil Fischer im Hofmann-Haus in Berlin.
1921	Enthüllung des von Fritz Klimsch geschaffenen Fischer-Denkmals in Berlin, nahe dem Chemischen Institut.

Literatur

A Publikationen der Arbeiten von Emil Fischer

[A 1] Fischer, E.: Über Fluorescein und Phtalein-Orcin. Inauguraldissertation der Philosophischen Facultät der Universität Strassburg. Bonn 1874.

[A 2] Fischer, E.: Untersuchungen über Aminosäuren, Polypeptide und Proteine I. (1899–1906). Berlin 1906.

[A 3] Fischer, E.: Untersuchungen über Aminosäuren, Polypeptide und Proteine II. (1907–1919). Hrsg. M. Bergmann. Berlin 1923.

[A 4] Fischer, E.: Untersuchungen über Kohlenhydrate und Fermente I. (1884–1908). Berlin 1909.

[A 5] Fischer, E.: Untersuchungen über Kohlenhydrate und Fermente II. (1908–1919). Hrsg. M. Bergmann. Berlin 1922.

[A 6] Fischer, E.: Untersuchungen in der Puringruppe. (1882–1906). Berlin 1907.

[A 7] Fischer, E.: Organische Synthese und Biologie. 2. unv. Aufl. Berlin 1912.

[A 8] Fischer, E.: Neuere Erfolge und Probleme der Chemie. Berlin 1911.

[A 9] Fischer, E.: Untersuchungen über Depside und Gerbstoffe. (1908–1919). Berlin 1919.

[A 10] Untersuchungen aus verschiedenen Gebieten. Vorträge und Arbeiten allgemeinen Inhalts. Hrsg. M. Bergmann. Berlin 1924.

[A 11] Fischer, E.: Untersuchungen über Triphenylmethanfarbstoffe, Hydrazine und Indole. Hrsg. M. Bergmann. Berlin 1924.

[A 12] Fischer, E.: Aus meinem Leben. Mit drei Bildnissen. Hrsg. M. Bergmann. Berlin 1922.

[A 13] Fischer, E.: Eröffnungsrede des neuen I. Chemischen Instituts. Berlin am 14. Juli 1900. Berlin 1900.

[A 14] Fischer, E.; Beckmann, E.: Das Kaiser-Wilhelm-Institut für Chemie Berlin Dahlem. Braunschweig 1913.

B Arbeiten über Emil Fischer (Auswahl)

[B 1] Hoesch, K.: Emil Fischer. Sein Leben und sein Werk. Ber. dtsch. Chem. Ges. 54 (1921), Sonderheft.

[B 2] Helferich, B.: Emil Fischer zum 100. Geburtstag. Angew. Chem. 65 (1953) 45–52.

[B 3] Harries, C.: Emil Fischers wissenschaftliche Arbeiten. Naturwissenschaften 7 (1919) 843–860.

[B 4] Abderhalden, E.: Die Bedeutung von Emil Fischers Lebenswerk für die Physiologie und darüber hinaus für die gesamte Medizin. Naturwissenschaften 7 (1919) 860–868.

[B 5]   Weinberg, A. v.: Emil Fischers Tätigkeit während des Krieges. Naturwissenschaften 7 (1919) 868–873.

[B 6]   Herneck, F.: Emil Fischer als Mensch und Forscher. Z. Chem. 10 (1970) 41–48.

[B 7]   Hilgetag, G.; Paul, H.: Zur wissenschaftlichen Leistung Emil Fischers. Z. Chem. 10 (1970) 281–289.

[B 8]   Heinig, K.: Das Chemische Institut der Berliner Universität unter der Leitung von August Wilhelm von Hofmann und Emil Fischer. In: Forschen und Wirken. Festschrift zur 150-Jahrfeier der Humboldt-Universität zu Berlin. Berlin 1960. Band I. S. 339–357.

[B 9]   Klare, H.: Van't Hoff und E. Fischer – Bahnbrecher der chemischen Forschung. Spektrum 9 (1978) 4, S. 5–10; 5, S. 10–14.

[B 10] Lewin, L.: Eine toxikologische Erinnerung an Emil Fischer. Naturwissenschaften 7 (1919) 878–882.

[B 11] Hoesch, K.: Emil Fischer. Festrede, gehalten gelegentlich der am 16. Juli 1922 zu Euskirchen vom Rheinischen Bezirksverband veranstalteten Gedächtnisfeier. Angew. Chem. 36 (1923) 47–49.

[B 12] Bergmann, M.: Emil Fischer. In: Bugge, G. (Hrsg.) Das Buch der grossen Chemiker. Zweiter Band. Weinheim, New York. 5. unv. Nachdruck 1979. S. 408–420. S. 514–515.

Zitierte Literatur

[1]   Streisand, J.: Deutsche Geschichte in einem Band. Berlin 1980. 5. Aufl. S. 119–120.

[2]   Welsch, F.: Geschichte der chemischen Industrie. Berlin 1981, S. 101.

[3]   Strube, I.; Stolz. R.; Remane, H.: Geschichte der Chemie von den Anfängen bis zur Gegenwart. Berlin (im Druck).

[4]   Bernal, J. D.: Die Wissenschaft in der Geschichte. Berlin 1961. S. 453.

[5]   Kekulé, A.: Sur la Constitution des Substances aromatiques. Bull. Soc. Chim. Belege [2], 3 (1865) 98–110.

[6]   Kekulé, A.: Untersuchungen über aromatische Verbindungen. Liebigs Ann. Chem. 137 (1866) 129–196.

[7]   Fischer, E.: Ueber die Hydrazinverbindungen. Liebigs Ann. Chem. 190 (1878) 67–183.

[8]   Fischer, E.; Fischer. O.: Ueber Triphenylmethan und Rosanilin. Liebigs Ann. Chem. 194 (1878) 242–303.

[9]   Beyer, H.: Lehrbuch der organischen Chemie. 11./12. Aufl. Leipzig 1966, S. 625.

[10]   Holland, W.: Die Nomenklatur in der organischen Chemie. Leipzig 1969, S. 138.

[11]   Fischer, H. O. L.: Fifty years of „Synthesechemiker" in the service of Biochemistry. Ann. Rev. Biochemistry 29 (1960) 1–14.

[12]   Lenz, M.: Geschichte der königlichen Friedrich-Wilhelm-Universität zu Berlin. Halle 1910, 3. Band.

[13]   Universitätsarchiv der Humboldt-Universität zu Berlin. Philosophische Fakultät, Nr. 1462, Bl. 75–76.

[14]   Engels, F.: Dialektik der Natur. Berlin 1975, S. 294.

[15]   Walden, P.: Geschichte der organischen Chemie seit 1880. Berlin, Heidelberg, New York. Reprint 1972, S. 616.

[16]   Vigneaud, V. du; Ressler, Ch.; Swan, J. M.; Roberts, C. W.; Katsoyannis, P. G.; Gordon, S.: The Synthesis of an Octapeptide amide with the hormonal activity of Oxytocin. J. Amer. chem. Soc. 75 (1953) 4879–4880.

[17]   Vigneaud, V. du; Lawler, H. C.; Popenoe, E. H.: Enzymatic Cleavage of Glycinamide from Vasopressin and a proposed Structure for this pressor-antidiuretic Hormon of the posterior pituitary. J. Amer. chem. Soc. 75 (1953) 4880–4881.

[18]   Meienhofer, J.; Schnabel, E.; Bremer, H.; Brinkhoff, O.; Zabel, R.; Sroka, W.; Klostermeyer, H.; Brandenburg, D.; Okuda, T.; Zahn, H.: Synthese der Insulinketten und ihre Kombination zu insulinaktiven Präparaten. Z. Naturforschg. 18 B (1963) 1120–1121.

[19]   Ruske, W.: 100 Jahre Deutsche Chemische Gesellschaft. Weinheim 1967.

[20]   Grau, C.: Die Berliner Akademie der Wissenschaften in der Zeit des Imperialismus. Teil 1. Von den neunziger Jahren des 19. Jahrhunderts bis zur Großen Sozialistischen Oktoberrevolution. Berlin 1975.

[21]   Fischer, E.: Die Chemie der Proteine und ihre Beziehungen zur Biologie. Sitzungsber. Akad. Wiss. Berlin 1907, 35.

[22]   Universitätsarchiv der Humboldt-Universität zu Berlin. Universitätskurator, F 60, Bl. 13.

[23]   Hofmann, K. A.; Mylius, F.: Gedächtnisfeier für Emil Fischer. Ber. dtsch. chem. Ges. 52 (1919) 125A – 128A.

[24]   Wichelhaus, H.: Emil Fischers Verdienste um die Deutsche Chemische Gesellschaft. Ber. dtsch. chem. Ges. 52 (1919) 129A – 132A.

[25]   Knorr, L.: Über die wissenschaftlichen Arbeiten und die Persönlichkeit Emil Fischers. Ber. dtsch. chem. Ges. 52 (1919) 132A – 149A.

[26]   Duisberg, C.: Emil Fischer und die Industrie. Ber. dtsch. chem. Ges. 52 (1919) 149A – 163A.

[27]   Duisberg, C.: Ber. dtsch. chem. Ges. 52 (1919) 164A.

[28]   Das Emil-Fischer-Denkmal auf dem Luisenplatz zu Berlin. Z. angew. Chem. 34 (1921) 653–656.

[29]   Willstätter, R.: Aus meinem Leben. Von Arbeit, Muße und Freunden. Weinheim 1958, 2. Aufl., S. 212.

[30]   Bugge, G. (Hrsg.): Das Buch der grossen Chemiker. Weinheim, New York. 5. unv. Nachdruck 1979, Zweiter Band, S. 330.

[31]   Adolf von Baeyer's Gesammelte Werke. Braunschweig 1905, Erster Band, Frontispiz.

Personenregister

(Dieses Register erschließt nicht das Literaturverzeichnis)

Der Autor dankt Frau Prof. Dr. sc. phil. D. Goetz (Potsdam) und Herrn Dr. L. Dunsch (Dresden) für ihre Gutachten und die kritischen Hinweise sowie dem Verlag für die gute Zusammenarbeit.

Lieferbar in dieser Reihe:

Band	Autor und Titel	Preis	Bestell-Nr.
5	Schütz: M. Faraday	4,35	665 165 0
7	Schütz: M. W. Lomonossow	5,45	665 547 5
8	Danzer: D. I. Mendelejew und L. Meyer	5,35	665 585 4
10	Dobrzycki/Biskup: N. Copernicus	5,00	665 661 1
11	Kauffeldt: O. v. Guericke	5,60	665 663 8
15	Wußing: C. F. Gauß	4,70	665 700 8
17	Hoppe: J. Kepler	4,70	665 586 2
22	Werner: W. Weber	3,50	665 772 9
31	Kaiser: J. A. Segner	4,50	665 840 6
34	Halameisär/Seibt: N. I. Lobatschewski	4,60	665 870 5
43	Kosmodemjanski: K. E. Ziolkowski	10,50	665 930 2
46	Körber: A. Wegener	4,80	665 991 9
50	Tobies: F. Klein	6,80	666 026 6
51	Richter-Meinhold: H. Bessemer und S. G. Thomas	4,80	666 039 7
54	Ruff: E. du Bois-Reymond	6,80	666 037 0
55	Krüger: W. I. Wernadskij	6,80	666 033 8
56	Thiele: L. Euler	9,60	666 045 0
57	Herrmann: K. F. Zöllner	4,80	666 036 4
58	Cassebaum: C. W. Scheele	6,80	665 990 0
59	Sittauer: F. G. Keller	6,80	666 092 8
60	Jürß/Ehlers: Aristoteles	6,80	666 057 3
61	Engewald: G. Agricola	6,80	666 113 8
62	Dunsch: H. Davy	4,80	666 111 1
63	Kant: A. Nobel	6,80	666 152 5
64	Stolz: O. Hahn, L. Meitner	4,80	666 142 9
65	Ullmann: E. F. F. Chladni	4,80	666 143 7
66	Hoffmann: E. Schrödinger	4,80	666 080 5
67	Hamel: F. W. Bessel	4,80	666 197 1
68	Beckert: J. Beckmann	6,80	666 151 7
69	Schierhorn: W. Friedrich	4,80	666 141 0